植物疫情及防控手册

余继华　张敏荣　主编

 ZHIWU YIQING JI FANGKONG SHOUCE

U0306303

中国农业科学技术出版社

【主编简介】

余继华　1960年3月生，高级农艺师。1992年赴日本国作农业研修。中国昆虫学会、中国植物保护学会会员，中国农学会归国研修生协会会员，台州市昆虫植病学会理事，台州市黄岩区农学会副理事长，黄岩区应急管理专家组成员。长期从事植物检疫工作。曾获农业部全国农业植物有害生物普查工作先进个人、浙江省植物检疫先进工作者、台州市第五届拔尖人才、台州市优秀科技工作者，台州市黄岩区拔尖人才和黄岩区"十佳"科技工作者等荣誉。获全国农业丰收二等奖、浙江省科技进步二等奖和三等奖、省农业科技成果推广奖、台州市科技进步一等奖和二等奖等。获国家专利证书3项。在国家级和省级期刊发表论文近60篇，主编出版著作4本，参编著作7本。

张敏荣　1970年2月生，农艺师，台州市黄岩区植物检疫站副站长。中国植物保护学会会员，台州市昆虫植病学会会员，台州市黄岩区农学会会员。在有害生物疫情普查、防控及相关技术推广、植物及其产品的产地检疫和调运检疫、检疫监管等方面成绩突出。参编出版书籍2本，在省级期刊发表论文7篇。

《植物疫情及防控手册》
编写人员

顾　　问　林伟坪　卢　英

主　　编　余继华　张敏荣

副 主 编　王荣洲　孟幼青

编写人员 （按姓氏笔画为序）

王荣洲　卢　璐　李克才　李艳敏

杨　晓　余继华　张　宁　张敏荣

陈权志　孟幼青　俞永达　贺伯君

陶　健　黄振东　薛惠明

主　　审　林云彪

前　言

　　近年来，随着农业产业的转型升级和对外交流的不断拓展，农业植物外来有害生物发生数量越来越多，危害性也越来越大。为了保障农业生产的安全，提高广大农户和乡镇村基层干部的植物检疫法制意识，值此全国植物检疫宣传活动之际，我们编撰了《植物疫情及防控手册》一书。本书较系统地介绍了植物检疫的一般知识，植物检疫条例和浙江省植物检疫实施办法，重点选择介绍了浙江地区已经发生的和有潜在入侵危险的柑橘黄龙病、黄瓜绿斑驳花叶病毒病、加拿大一枝黄花和葡萄根瘤蚜等12种植物疫情的发生规律、危害症状和防控措施，并附有相关照片。本书文字简练，语言通俗，非常适合农村种植大户、家庭农场主、农民专业合作社社员，基层领导和在农业第一线的技术人员阅读，对普及植物检疫知识，控制植物外来有害生物的蔓延将会起到很好的作用。

　　本书在编写过程中得到了浙江省植物保护检疫局林伟坪局长和卢英副局长热情指导，并担任顾问；林云彪副调研员对本书进行了主审，在此一并致谢。由于我们水平和经验有限，编写时间仓促，书中缺点和差错之处在所难免，敬请广大读者和同行专家批评指正。

第一章 概 论

第二章 危险性病害

第一章　概　论

第一节　植物检疫法规体系

　　植物检疫就是为防止危险性有害生物人为传播，由政府部门依法采取管制措施的综合管理体系。

　　植物检疫法规是指为了防止为害植物的危险性病、虫、杂草及其他有害生物传播蔓延，保护农业、林业生产和生态环境安全，维护对内、对外贸易信誉，履行国际义务，由国家制定法令，对进出境和国内地区间调运的植物、植物产品及其他应检物进行检疫、监督处理的法律规范的总称。

　　植物检疫法规是开展植物检疫工作的法律依据，是人类同植物病虫草害长期斗争的产物，它包括有关植物检疫的法律、条例、公约、协定、规章、办法和其他单项规定等。

一、涉外植物检疫法规

　　涉外的植物检疫法规主要包括两部分，一部分是以《中华人民共和国进出境动植物检疫法》和《中华人民共和国进出境动植物检疫法实施条例》为主体的进出境动植物检疫法律、法规，这是我国涉外植物检疫法规的核心，该法对检疫审批、进境检疫、出境检疫、过境检疫、携带物及邮寄物检疫、运输检疫、检疫监督等都做了系统全面的规定；另一部分是在国际植物检疫法规及进出境检疫法律、法规框架下，与贸易往来国家针对植物检疫某些具体问题签订的双边植检协定、议定书等。

二、国内植物检疫法规

《植物检疫条例》是国内植物检疫法规的主体，是开展植物检疫工作的依据。它包括植物检疫的目的、任务、植物检疫机构及职责范围、检疫范围、调运检疫、产地检疫、国外引种检疫审批、检疫放行与疫情处理、检疫收费、奖励制度以及法律责任等方面。部门规章有《植物检疫条例实施细则（农业部分）》《植物检疫条例实施细则（林业部分）》；地方植物检疫法规、地方政府植物检疫规章。全国农业植物检疫性有害生物名单和应施检疫的植物、植物产品名单；全国森林植物检疫性有害生物名单和应施检疫的森林植物、植物产品名单；各省（自治区、直辖市）补充的检疫性有害生物名单。

第二节　植物检疫特点

一、检疫机构法定

《植物检疫条例》第三条规定，国务院农业主管部门、林业主管部门主管全国的植物检疫工作，各省、自治区、直辖市农业主管部门、林业主管部门主管本地区的植物检疫工作；《植物检疫条例》第三条授权县级以上地方各级农业主管部门、林业主管部门所属的植物检疫机构，负责执行国家的植物检疫任务。植物检疫机构代表政府行使植物检疫职权，具有社会公共管理职能。

二、检疫机构及其工作人员职责法定

农业部《植物检疫条例实施细则(农业部分)》对各级植物检疫机构职责范围作了明确规定,各级植物检疫机构工作人员应认真履行好各自的职责,对不按规定履行职责造成一定后果的,给予行政处分;构成犯罪的,将会追究刑事责任。

(一)农业部所属植物检疫机构的主要职责

(1)提出有关植物检疫法规、规章及检疫工作长远规划的建议;

(2)贯彻执行《植物检疫条例》,协助解决执行中出现的问题;

(3)调查研究和总结推广植物检疫工作经验,汇编全国植物检疫资料,拟定全国重点植物检疫性有害生物的普查、疫区划定、封锁和防治消灭措施的实施方案;

(4)负责国外引进种子、苗木和其他繁殖材料(国家禁止进境的除外)的检疫审批;

(5)组织植物检疫技术的研究和示范;

(6)培训、管理植物检疫干部及技术人员。

(二)省级植物检疫机构的职责

(1)贯彻《植物检疫条例》及国家发布的各项植物检疫法令、规章制度,制定本省的实施计划和措施;

(2)检查并指导地、县级植物检疫机构的工作;

(3)拟订本省的《植物检疫实施办法》和《补充的植物检疫性有害生物和应施检疫的植物、植物产品名单》及其他植物检疫规章制度;

(4)拟订省内划定疫区和保护区的方案,提出全省检疫性有害生物的普查、封锁和控制消灭措施,组织开展植物检疫技术的研究和推广;

(5)培训、管理地、县级检疫干部和技术人员,总结、交流检疫工作经验,汇编检疫技术资料;

(6) 签发植物检疫证书，承办授权范围内的国外引种检疫审批和省间调运应施检疫的植物、植物产品的检疫手续，监督检查引种单位进行消毒处理和隔离试种；

(7) 在车站、机场、港口、仓库及其他有关场所执行植物检疫任务。

(三) 地(市)、县级植物检疫机构的主要职责

(1) 贯彻《植物检疫条例》及国家、地方各级政府发布的植物检疫法令和规章制度，向基层干部和农民宣传普及检疫知识。

(2) 拟订和实施当地的植物检疫工作计划。

(3) 开展检疫性有害生物调查，编制当地的检疫性有害生物分布资料，负责检疫性有害生物的封锁、控制和消灭工作。

(4) 在种子、苗木和其他繁殖材料的繁育基地执行产地检疫。按照规定承办应施检疫的植物、植物产品的调运检疫手续。对调入的应施检疫的植物、植物产品，必要时进行复检。监督和指导引种单位进行消毒处理和隔离试种。

(5) 监督指导有关部门建立无检疫性有害生物的种子、苗木繁育、生产基地。

(6) 在当地车站、机场、港口、仓库及其他有关场所执行植物检疫任务。

(四) 专职植物检疫员及主要职责

专职植物检疫员应当是具有助理农艺师以上技术职称或者具有中等专业学历，从事植保工作3年以上的技术人员，并经培训考核合格，由省级农业主管部门批准，报农业部备案后，发给专职植物检疫员证。植物检疫人员有权进入车站、机场、港口、仓库以及其他有关场所执行植物检疫任务，但应穿着检疫制服、佩带检疫标志和出示执法证件。

(1) 进入车站、机场、港口、仓库和植物、植物产品的生产、收购、加工、经营、存放等场所，实施现场检验或者复

检，查验《植物检疫证书》，进行疫情调查、监测等；

(2) 监督有关单位或者个人进行消毒、除害处理、隔离试种和采取封锁、消灭等措施；

(3) 查阅、摘录或者复制与检疫工作有关的发票、账目、合同、视听材料、原始凭证，收集与检疫工作有关的证据；

(4) 依法查处违法单位或个人及其违章调运的植物、植物产品；

(5) 签发植物检疫证书及其他植物检疫单证。

(五) 兼职植物检疫员及主要职责

各级植物检疫机构可根据工作需要，在种子和苗木繁育、生产及科研等有关单位聘请兼职植物检疫员协助开展工作。兼职检疫员由所在单位推荐，经聘请单位审查合格后，发给聘书。

(1) 积极宣传国家植物检疫法令和规章制度；

(2) 监督检查本辖区各有关单位和个人遵守植物检疫制度和生产、经营、调运植物、植物产品的检疫情况；

(3) 参加疫情普查，配合做好疫情封锁控制和防治扑灭工作；

(4) 做好疫情调查监测，及时报告疫情；

(5) 指导有关生产繁育单位或个人实施防疫措施，生产繁育无检疫性有害生物的植物和植物产品；

(6) 配合专职植物检疫员，开展产地检疫、调运检疫和市场检疫工作。

三、工作程序法定

工作程序是指对工作的顺序、内容和要达到的要求所作的规定。植物检疫工作程序要求其工作人员及调运单位或个人，遵守各种规程，按规定的工作流程办理相关事项。目前，国家已经发布实施的有《农业植物调运检疫规程》《农业植物疫情报告与发布管理办法》《柑橘苗木产地检疫规程》和《水稻种子产地检疫规程》等。

四、检疫范围法定

农业植物检疫范围包括粮、棉、油、麻、桑、茶、糖、菜、烟、果(干果除外)、药材、花卉、牧草、绿肥、热带作物等植物、植物的各部分，包括种子、块根、块茎、球茎、鳞茎、接穗、砧木、试管苗、细胞繁殖体等繁殖材料，以及来源于上述植物、未经加工或者虽经加工但仍有可能传播疫情的植物产品。

植物产品是指来源于植物未经加工或者虽经加工但仍有可能传播检疫性有害生物的产品或制品，如粮食(含秸秆、藤蔓等)、豆、棉花、油(含各种饼粕)、麻、烟草、籽仁、水果、蔬菜、中药材(含饮片)、饲料(含颗粒料)等。

根据《植物检疫条例》和《浙江省植物检疫实施办法》的规定，调运植物和植物产品，属于下列情况的必须实施检疫。

(1) 列入应施检疫的植物、植物产品名单的，运出发生疫情的县级行政区域之前，必须经过检疫；

(2) 凡种子、苗木和其他繁殖材料(含鲜活植物体)，不论是否列入应施检疫的植物、植物产品名单和运往何地，在调运之前，都必须经过检疫；

(3) 通过进口入境的植物、植物产品经出入境检验检疫机构检疫后，在国内再调运的；

(4) 对可能受疫情污染的包装材料、运载工具、场地、仓库等也应实施检疫。

五、检疫性有害生物法定

(一) 检疫性有害生物

《国际植物保护公约》定义：该有害生物对其受威胁的地区具有潜在经济重要性，但尚未在该地区发生，或虽已发生但分布不广并进行官方防治的有害生物。

《植物检疫条例》将国内检疫性有害生物定义为：局部地区发生、危险性大，能随植物及其产品传播的病、虫、杂草。

(二)检疫性有害生物名单

农业植物检疫性有害生物名单中的有害生物是国内局部发生的检疫性有害生物,重点要防止其扩散蔓延和危害。国内调运植物、植物产品不能带有检疫性有害生物。全国农业植物检疫性有害生物名单由农业部公布,各省、自治区、直辖市农业主管部门公布地方补充农业植物检疫性有害生物名单。目前,全国农业植物检疫性有害生物32种,但检疫性有害生物随着时空的变化会有所调整。

禁止进境的植物检疫性有害生物多数是我国没有发生的,需要严防其传入的有害生物,也包括一部分我国虽然有发生,但是国家正在采取措施进行控制的检疫性有害生物。进口植物、植物产品不能带有我国禁止进境的植物检疫性有害生物。农业部与国家质量监督检验检疫总局共同制定了《中华人民共和国进境植物检疫性有害生物名录》,共435种。

(三)检疫性有害生物的确定

(1)被为害寄主是国家或地区的重要资源,具有极高的经济价值,寄主范围相当广泛。

(2)局部地区发生,如果普遍发生则没有必要列入检疫性有害生物名单。

(3)人为传播蔓延。在物流发达,交往频繁,有害生物有通过人为贸易、非贸易及交通运输工具传播的可能性。如果有害生物人为传播的可能性极小,仅靠自然传播,没必要定为检疫性有害生物。

(4)传入后能否定居。我国幅员辽阔,地理环境条件复杂,病虫害在传入后定居的可能性差别很大。虽然某些有害生物由人为或自然因素传入,但不能在该地区生存繁衍的就不能定为检疫性有害生物。

(5)危害程度。一是要评估经济重要性;二是要考虑到一经传入,防除的难易,投入和收效的比例;三是还要评估政治、社会的影响。

(四)检疫性有害生物与一般病、虫、草的区别

(1)发生范围不同。检疫性有害生物一般发生在局部地区，而常规的病、虫、草却发生普遍。

(2)强制性不同。检疫性有害生物是指国家有关法律法规以及双边或多边植物检疫协定规定的危险性特别大，在我国没有发生或有发生但局部分布的一些病、虫、草，必须按照国家检疫机构的要求进行强制性防控；而常规的病、虫、草则是指普遍发生、为害或可能为害植物及其产品的有害生物，且未列入国家植物检疫性有害生物名录的所有有害生物，由国家植物保护机构指导相关机构或个人开展防治。

(3)防治目标不同。对检疫性有害生物，主要以法律法规为依据，只要有发生，就必须采取封锁、控制、消灭等措施，防治措施的强度更大，重点是阻止其传播扩散；对常规的病、虫、草，主要开展农业防治、物理防治、生物防治和化学防治等相结合的综合治理，一般要求通过防治将常规病、虫、草的为害程度控制在经济允许水平或防治指标以下就可以了，重点控制其危害。

第三节　植物检疫程序

一、疫情普查

农业植物疫情是指全国农业植物检疫性有害生物、各省(区、市)补充的农业植物检疫性有害生物、境外新传入或境内新发现的潜在的农业植物检疫性有害生物的发生情况。

《植物检疫条例实施细则(农业部分)》第十一条规定，各级植物检疫机构对本辖区的植物检疫性有害生物原则上每隔3～5年调查一次，重点有害生物要每年调查，根据调查结果编制检疫性有害生物分布资料，并报上一级植物检疫机构。其

中，农业部编制全国农业植物检疫性有害生物分布至县的资料，各省(区、市)编制分布至乡的资料，并报农业部备案。

二、疫情报告与发布

根据农业部2010年发布的《农业植物疫情报告与发布管理办法》的规定，农业植物疫情实行逐级报告，并实行快报、月报及年报制度。

农业部负责发布全国农业植物检疫性有害生物及其首次发生和疫情解除情况；省级农业行政主管部门负责发布本行政区补充的农业植物检疫性有害生物及其发生、疫情解除情况和农业部已发布的全国农业植物检疫性有害生物在本行政区域内的发生及处置情况。农业部和省级人民政府农业行政主管部门以外的其他单位和个人不得以任何形式发布农业植物疫情。

三、产地检疫

产地检疫是指植物检疫人员对种子、苗木等繁殖材料及其他应施检疫的植物、植物产品，在植物生长期间按规定程序进行田间调查、室内检验鉴定及必要的监督处理，并根据检查和处理结果做出评审意见，直到决定是否签发《产地检疫合格证》的过程。

(一) 产地检疫的基本程序

(1) 申请与受理。种子、苗木等繁殖材料的生产、繁育单位或个人应在播种和移栽前向当地植物检疫机构提出书面申请，注明繁育地点、面积、品种及其来源、联系人及联系方式等。植物检疫机构在接到繁育单位的申请后应进行必要的核实，也可对所使用的繁殖材料进行复检，在七个工作日内予以答复。符合检疫要求的，可以安排种植，并提出实施田间调查的时间、次数等；不符合要求的，繁育单位应按照检疫机构的要求进行处理。

(2) 实施检疫。有种苗产地检疫规程的，植物检疫机构应严格按照其规定实施检疫；对还没有颁布产地检疫规程的作物，则应参照同类作物产地检疫规程，结合检疫性有害生物的具体情况进行。产地检疫一般在有害生物发生危害症状表现最明显的时期进行田间检查，必要时进行室内检验、鉴定。根据受检作物不同，田间调查可以是一次，也可多次。在实施田间调查时，繁育单位应派员协助检疫人员进行检查检验，不得拒绝或妨碍正常的田间调查工作。

(3) 签发产地检疫证。根据检疫检验结果，符合规定的，签发《产地检疫合格证》。如果产地检疫调查发现有检疫性有害生物和其他危险性病虫的，经检疫除害处理合格后控制使用，不能除害处理的，不能外运，并根据具体情况作改变用途或销毁处理。

种子、苗木和其他繁殖材料的繁育单位必须按照农作物种子(苗)产地检疫规程生产。

(二) 无检疫性有害生物种苗繁育基地

国务院《植物检疫条例》第十一条规定："种子、苗木和其他繁殖材料的繁育单位，必须有计划地建立无植物检疫对象的种苗繁育基地、母树林基地。……"。《植物检疫条例实施细则(农业部分)》第十八条也规定："种苗繁育单位或个人必须有计划地在无植物检疫对象分布的地区建立种苗繁育基地。新建的良种场、原种场、苗圃等，在选址以前，应征求当地植物检疫机构意见；植物检疫机构应帮助种苗繁育单位选择符合检疫要求的地方建立繁育基地。"

四、调运检疫

调运检疫是指各类植物种子、苗木和其他繁殖材料及应施检疫的植物、植物产品在流通(包括托运、邮寄、自运、携带、销售等)过程中，农业专职植物检疫人员根据植物检疫法规规定进行的检疫检验和签证。根据《植物检疫条例》及有关植检法规的规定，县级及以上行政区域间调运应施检疫的植物和植物产品时，必须办理植物检疫手续；交通运输、航空、邮政、快递、物流企业等部门或个人一律凭有效期限内的植物检疫证书办理承运或邮寄手续，凡无植物检疫证书或寄运货物种类、数量与植物检疫证书不符的，一律不得邮寄或托运。

(一) 调运检疫范围

(1) 种子、苗木和其他繁殖材料，调运出县级行政区域的，必须实施检疫。

理由是：活的植物种子、苗木可以传带许多病、虫、杂草，而种子、苗木和其他繁殖材料都是为种植而引进、交换的，能够造成病虫草的直接转移，传入定殖机率高，对农业的安全生产构成直接和最大的威胁。

(2) 列入全国和各省(区、市)应施检疫的植物、植物产品名单的植物、植物产品，运出发生疫情的县级行政区域的，必须实施检疫。

(3) 包装材料、运载工具、场地、仓库等可能受疫情污染的。

(二) 调运检疫的程序

(1) 申报。省间调运应施检疫的植物和植物产品时，调入单位必须事先征得所在地的省级植物检疫机构或其委托的地(市)、县级植检机构的同意，并向调出单位提出检疫要求。

(2) 申请与受理。调出单位应根据调入地所提检疫要求，向所在地的省级植物检疫机构或其委托的地(市)、县级植物检疫机构申请检疫。

(3) 实施检疫。植物检疫机构应按照国家颁布的"农业植物调运检疫规程"，在无植物检疫性有害生物发生地区调运植物、植物产品，经核实后签发植物检疫证书；在零星发生植物检疫性有害生物的地区调运种子、苗木等繁殖材料时，应凭产地检疫合格证、并经现场抽样检验合格的，签发《植物检疫证书》。发现带有或感染检疫性有害生物的，必须严格进行检疫除害处理，处理合格的可签发植物检疫证书；无法除害处理或除害处理不合格的，改变用途、控制使用或销毁。

(4) 凭证邮寄和托运。交通运输、民航、铁路、快递、物流企业及邮政部门或个人一律凭有效期限内的植物检疫证书承运和收寄。

(5) 调入地复检。调入地植物检疫机构对调入的应施检疫的植物、植物产品，必要时可以进行复检。复检中发现检疫性有害生物的，禁止种植，进行检疫除害处理，无法进行除害处理的应予销毁。

植物检疫证书(正本)保存2年备查。

五、国外引种检疫审批与疫情监测

从国外引进种子、苗木由农业部所属的植物检疫机构和各省(自治区、直辖市)农业行政主管部门所属的植物检疫机构审批。引进种苗检疫工作主要有3个环节：引进前检疫审批、种苗入境时进行检疫检验、种苗入境后的隔离试种。

第四节　植物检疫检验

检疫检验主要对现场检疫取回的代表样品和病、虫、杂草样本，在实验室作进一步检验鉴定。检验方法，因不同病、虫、杂草的种类和不同的植物、植物产品而异。

害虫检验鉴定：过筛检查、比重检查、染色检查、解剖检查、X光机检查、饲养检查，对螨类还可以用电热加温的方法检查。

真菌检验鉴定：直接检验、洗涤检验、荧光显微检验、萌发检验、切片检验、保湿萌芽检验、分离培养检验、种子分解透明检验、生长检验和免疫技术检验等。

细菌检验鉴定：直接检验、分离培养检验、生理生化检验、致病力检验、过敏性反应检验、噬菌体检验、血清学反应、生长检验和分子生物学检验等。

病毒检验鉴定：直接检验、生长检验、指示植物检验、血清学以及PCR、探针等分子生物学方法。

线虫检验鉴定：直接检验、染色检验、分离检验(漏斗法、过筛检验和漂浮分离法)。

杂草检验鉴定：粮谷和种子样品过筛后检取筛上物和筛下物中的杂草种子(果实)目测或借助解剖镜观察，根据其外观形态特征，诸如形状、大小、颜色、斑纹、种脐以及附属物特征等进行鉴定。

第五节　有害生物风险分析

一、国内植物疫情形势严峻

随着国内外农产品贸易量的剧增、旅游业的发展与人员往来的频繁，植物疫情数量逐年攀升、传播渠道复杂多样、扩散蔓延势头迅猛、危害损失极其严重，给我国农业生产、出口贸易、生态环境乃至社会稳定造成了极大威胁。我国农产品进口额自2007年的410.9亿美元，增长至2012年的1124.4亿美元，跃居世界第二大农产品进口国。与此同时，全国口岸截获检疫性有害生物数量和批次也明显增加。2012年口岸截获检疫性有害生物数量跃至284种、50898批次，为2007年的5倍。近10年来，国内先后新发现近30种外来入侵植物检疫性有害生物。另外，国内已有植物疫情频发，2010—2012年，全国农业植物检疫性有害生物在29个省(区、市)发生，3年共上报疫情快报达112期，疫情发生县级行政区域数量由2010年的1246个上升至2012年的1328个，新增县级行政区域达82个。对外来检疫性有害生物进行风险分析，评估其传入后能否在入侵地造成严重为害，能否具有潜在危险性，这对于做好国内植物检疫工作有积极指导意义。

二、有害生物风险分析的概念

国际上将有害生物风险分析(PRA)定义为：以生物学或其他科学、经济学证据，确定一种有害生物是否应该限制和采取的防治措施力度的评价过程。

三、有害生物风险分析过程

开始阶段。一是从有害生物开始的风险分析，确定一种有害生物是否为检疫性有害生物；二是从传播途径开始的有害生物风险分析，确定某个商品或运输工具是否传带检疫性有害生物的风险；三是从检疫政策调整开始的风险分析，分析政策调整的必要性和科学性。

风险评估阶段。对于有害生物来说，主要分析有害生物定殖的可能性、扩散的可能性、可能造成的经济影响，即判定一种有害生物是否为限定的有害生物及评估检疫性有害生物传入的可能性。

风险管理阶段。主要评估可以备选的植物检疫措施的效率和作用，重点考虑各种措施的科学性、可行性和经济适用性。这个阶段是降低检疫性有害生物传入风险的决策过程。

四、有害生物定性和定量风险评估

有害生物定性风险评估：评估结果用风险的高、中、低等类似的等级指标来表述的有害生物风险评估；有害生物的定量评估：评估结果用风险发生的概率估计来表述的有害生物风险评估。

第二章　危险性病害

第一节　概　述

　　植物侵染性病害是一类由侵染性生物因子，即病原生物引起的病害。植物侵染性病害的种类很多，各种植物上都有许多种侵染性病害。植物侵染性病害包括一般性病害和危险性病害。植物危险性病害是指在本地区尚未发生或仅在局部发生并能造成重大经济损失的病害，此类病害对植物破坏性强，具有流行势能，一旦传入，将成为农业生产的潜在威胁。植物病原生物的类群很多，主要有真菌、病毒、细菌及其他原核生物、寄生线虫和寄生的植物(恶性杂草)等。对于这些病原生物，并非都要实施检疫措施，只有那些可以通过人为因素作远距离传播，并且适应性广，扩散速度快，防治、根除困难的病原生物才具有检疫意义。1995年农业部颁布《全国植物检疫对象名单》，检疫性病原生物有11种；2009年农业部颁布了《全国农业植物检疫性有害生物名单》，检疫性病原生物却增加到17种，其中以真菌、细菌的数量最多，病毒和线虫较少。2007年5月29日，农业部颁布第862号公告，公布了农业部和国家质量监督检验检疫总局共同制定的《中华人民共和国进境植物检疫性有害生物名录》，检疫性病原生物有222种。

第二节　柑橘黄龙病

学名　*Candidatus liberibacter asiaticum* Jagoueix et al.

病原　薄壁菌门(Gracilicutes)

　　　韧皮部杆菌属(Liberibacter)

一、分布及危害

国内分布：主要分布在广东、福建、海南、广西、台湾、四川、江西、云南、贵州、浙江和湖南等省(区)。

省内分布：于1981年9月首次在平阳县水头、麻步发现，1982年组织全省开展大规模的疫情普查工作，查定该病分布于温州市瓯江以南的瓯海、文成、近郊(现鹿城)、瑞安、平阳、苍南等6县(市、区)10个区25个公社54个大队，确诊病树14110株，怀疑株216株，柑橘木虱为害橘园为1460.9公顷(1公顷=15亩，1亩≈667平方米，全书同)，尚属局部零星发生。因发现该病尚属早期，病区具有瓯江和飞云江两条天然隔离水系，故省政府批准划定柑橘黄龙病疫区及时采取封锁扑灭措施等，1982—1999年期间，温州瓯江以南发生县、发生乡镇和病株数呈逐年递减趋势，病区疫情得到基本控制扑灭，为全省柑橘产业的健康稳定发展创造了良好的生态环境。

1999年12月，在乐清市石矾镇一个椪柑果园内发现黄龙病典型症状的红鼻子果和斑驳叶，采样送福建省农业科学院进行黄龙病PCR分子检测，检测结果为*Candidatus* Liberibacter asiaticus阳性，这是浙江首次通过分子生物学鉴定方法证实发生柑橘黄龙病。乐清市柑橘黄龙病的发生，彻底打破了长期封锁于温州瓯江以南格局，宣告该病已横跨瓯江北扩浙江柑橘主产区。2000—2006年，浙江柑橘黄龙病在温州、台州、丽水、宁波、金华等5市26个县(市、区)陆续发生，与20世纪80年代温州瓯江以南橘区发生的疫情相比，其分布范围更广，危害程度更重，并呈进一步向北扩散蔓延趋势。其中温岭、玉环、路桥、黄岩和乐清等地几乎所有种植柑橘乡镇都发生病害，52.1%的果园病株率在8.6%～66.7%，黄龙病已在上述地区广泛流行并严重危害，温岭高橙、玉环文旦、黄岩本地早、永嘉早香柚产量已经遭受不同程度损失。

柑橘黄龙病菌能侵染柑橘属、枳属和金柑属中绝大部分品种，其中柑橘属中的宽皮橘类、橙类、柚类、柠檬类、杂柑类和香橼类等是病原的主要寄主。迄今尚未发现有高度抗病或免疫的品种，相对而言，柑橘类中瓯柑、椪柑、蕉柑和茶枝柑等品种最易感病，温州蜜柑和橙、柚类等则较为抗病。

柑橘黄龙病是世界柑橘生产上最具危险的一种传染性和毁灭性的病害。柑橘感染黄龙病后形成均匀黄化型或斑驳型黄梢，后期则呈现缺锌状花叶等一系列典型症状，表现为经济寿

柑橘黄龙病病叶(蜜柑)

柑橘黄龙病病叶(文旦)　　　柑橘黄龙病病果(蜜柑)

命短、产量低、果实品质劣，造成巨大的经济损失。更令人担忧的是，由于柑橘树的经济寿命原来可达几十年，乃至上百年，可是受黄龙病危害之后，柑橘树的寿命大大缩短，仅有10年左右，对柑橘种质资源的保护构成严峻的威胁。该病最早在我国被发现，近100年来，已广泛分布在亚洲、非洲和美洲等地的40多个国家和地区。进入21世纪，世界最重要的2个柑橘主产区巴西圣保罗州和美国佛罗里达州相继发生柑橘黄龙病，造成了世界柑橘从业者的恐慌，柑橘黄龙病对世界柑橘生产造成的的严重危害进一步加剧。柑橘黄龙病已经对温州、台州和丽水三市柑橘产业带来了毁灭性的影响。

二、症状识别

柑橘树各生长期均可感病，苗期及十几年以上的成年树发病较少，4～6年生开始结果的树发病较多。病害全年都可发生，以夏梢、秋梢发病最多，其次是春梢。新梢的症状是叶片表现黄化和黄绿相间的斑驳。在叶片凋落后，枝梢上新长出的叶片表现缺素状的花叶。病梢变短、生长势衰弱，病叶黄厚、变小，且易脱落，形成枯枝。开花不适时，花开的多，落的也多。果小而畸形，或红鼻果。后期，根部往往表现为小根腐烂。柑橘类各品种表现的症状大同小异，但蕉柑、芦柑病梢上叶片黄化及革质化的程度比福橘、甜橙、柠檬及温州蜜柑等更为严重。春梢发病时，当年新抽春梢正常转绿，5月以后部分或大部分叶片主脉、侧脉附近基部黄化，叶肉渐褪绿变黄，形成黄绿相间的驳斑，叶质硬化。不同时期不同器官的症状如下。

(一) 春梢

症状特点是：叶片在转绿后褪绿变黄；叶片黄化程度较轻且不均匀，形成斑驳；发病的新梢较多，病树顶部、中、下部均有出现，黄梢往往是一大片；春梢病状发展较快，4～5年生树，在春梢症状出现后，一般到冬季便全株发病。

(二) 夏梢和秋梢

在5～8月新抽的夏梢和8～10月新抽的秋梢上病害表现的症状基本相同。树冠上出现的病梢，多数是1～2梢或少数几个梢的叶片尚未完全转绿时，即停止转绿。叶脉往往先变黄，随之叶肉由淡黄绿色变成黄色，即称为均匀黄化。有时，病梢顶部叶片黄化，而中、下部叶片已经转绿，但也会褪绿变黄，出现黄绿相间的斑驳。

(三) 枝梢的中、后期症状

当年发病的黄梢，一般到秋末叶片陆续脱落。翌春，这些病梢萌芽多而早，长出的新梢短而纤细，叶片小而窄，新梢叶片老熟时，叶肉停止转绿而变黄，但叶脉及其周围组织仍呈绿色，与缺锌的症状相似，称为花叶。病叶较健叶厚，摸之有革质感，在枝上着生较直立，有些黄叶的叶脉木栓化肿大，开裂，叶端稍向叶背弯曲。

(四) 花组织器官症状

已投产的橘树感病后，一般花量多且开花时间提早，花器往往细而小、畸形，花瓣短而肥厚、色较黄，且柱头弯曲外露，开花后不坐果或坐果率低，俗称"乒乓花"。

(五) 果实症状

感病中期病树所结果实，一般外形小、畸形，坚硬，着色不均匀，果顶青色，俗称"红鼻果"；果肉汁少、味酸、渣多，风味极差；种子则发育不健全。

(六) 根部症状

根部症状一般要待树冠叶片严重脱落后表现，开始须根、细根腐烂，皮层脱离，木质部外露；后期则主侧根腐烂，皮层开裂，木质部变黑。

(七) 草本寄主上症状

在实验条件下还能通过草地菟丝子接种侵染草本植物长春花，其潜伏期为2~6个月。感病长春花的初期症状为叶脉局部黄化。呈不规则的黄斑，以后叶脉及叶缘黄化，并逐渐扩大，引起整个叶片黄化。有的叶片沿中脉周围保持绿色，其他部分黄化，逐渐扩大后也引起整个叶片黄化。

三、发病条件

(一) 果园病株和木虱虫口数量

在柑橘木虱发生普遍的地区，一般苗木发病率在10%以上的新果园或果园病株率已达20%以上的果园，如果柑橘木虱发生数量大，则病害将严重发生流行。木虱数量大小，决定了病害进一步蔓延的速度，发生数量大，蔓延快；发生数量少，蔓延慢。根据浙江省柑橘黄龙病监测与防控对策研究课题组资料，对42个不同乡镇调查数据表明，柑橘木虱虫株率与病区病情轻重具有一定的关系，零星和轻发生的乡镇其木虱平均虫株率均在10%以下，中重发生的乡镇木虱平均虫株率在10%以上。木虱虫株率与病株率达极显著相关。果园病株率与木虱成虫带菌检出率关系，一般表现为发病重带菌率高，发病轻带菌率低。

(二) 树龄

老龄树抗病力比幼龄树强，病害的传染和发展也较慢。所以在发病较严重的老果园种植幼树，或在这些果园中补种幼树，则新种的幼树往往比老树更快死亡。老树的树冠大，病原在树体内运转较慢，引致全株发病所需的时间也比幼树长。

(三) 高接树

通过嫁接换种的大树龄果园发病比没有进行嫁接换种的果园发病重。据黄岩院桥、澄江两地调查，同果园同树龄高接树与非高接树，高接树果园平均株发病率和病情指数分别为27.23%和12.33，而非高接树果园平均株发病率为5.78%，平均病情指数为2.48，两者差异显著。

(四) 品种抗病性

在已知的柑橘品种中，都不同程度地感染黄龙病，其中最感病的是蕉柑、椪柑、福橘、茶枝橘、甜橙和年橘等，抗耐病较强的为温州蜜柑、柚和柠檬等。枳的抗病性很强在田间不表现症状。另据黄岩调查6个乡镇的3个本地早果园、4个槾橘果园、14个温州蜜柑果园、4个椪柑果园，数据显示，品种的不同果园病情轻重有一定的变化，槾橘、本地早、温州蜜柑和椪柑平均病株率分别为18.99%、25.63%、31.09%和39.55%。4个品种发病严重度为椪柑→温州蜜柑→本地早→槾橘。

(五) 栽培管理

大丰收后的有病果园，若栽培管理跟不上，次年就容易发生柑橘黄龙病，致使橘树迅速衰退死亡。水肥管理好，防虫及时的果园，病害传染和蔓延的可能性就少。通过柑橘健身栽培，可以取得果实品质和优质果率提高，降低黄龙病的发病率和减轻发病症状，延长橘树经济寿命。据黄岩院桥调查，实施柑橘健身栽培的果园病株率为4.3%，对照区病株率却达16.3%。另据玉环调查，全县失管文旦果园平均病株率为15%，而管理精细文旦基地平均病株率却只有5%。

四、传播途径

柑橘黄龙病的主要传染源是带菌柑橘木虱、田间病株、带病苗木和接穗。病害的近距离传播则依靠带菌的木虱，远距离传播主要靠带菌接穗和带病的苗木。在传媒昆虫柑橘木虱发生普遍的橘区，一般苗木发病率在10%以上的新果园或田间病株率已达20%以上的果园，如果柑橘木虱发生数量大，则病害将严重发生流行。柑橘木虱数量大小，决定了病害进一步蔓延的速度，发生量多，蔓延快；发生量少，蔓延就慢。

五、防控措施

(一)严格实行植物检疫

保护无病柑橘区和新植柑橘区，严格执行植物检疫制度，禁止病区的接穗和苗木进入新区和无病区。

(二)建立无病苗圃，培育健康苗木

(1)无病苗圃应选择在无柑橘木虱发生的无病区；无病苗圃应尽可能远离有病柑橘园，至少相距2千米以上，最好有高山大海等自然屏障阻隔。

(2)砧木种子用50～52℃热水预浸5分钟，再用55～56℃温汤水处理50分钟，然后播种育苗。

(3)无病接穗的采集及处理：①从优良品种的健康老树上采种，经55～56℃热水处理后隔离种植，培育无病的实生树采穗；②在非病区或病区中隔离的无病老果园中，严格选择无病树作母树采穗，接穗用1000单位盐酸土霉素或盐酸四环素浸泡2～5小时；接穗也可用湿热空气47～49℃处理50分钟。

(三)挖除病株及防治媒介昆虫

在每年的10月至翌年2月，根据果园典型症状搞好疫情调查工作，做上记号，并及时挖除病树，集中销毁，以消除传染源，在此同时要适时喷药防治传病的柑橘木虱。消灭传染中心和虫媒是控制柑橘黄龙病发生流行的关键措施之一。因此，对于初发病和发病较轻的柑橘园内的病株，一经发现应立即整株挖除；发病较重的柑橘园内重病树应全面铲除。应抓紧在冬季和春芽期或各次抽梢期及时喷药杀虫，治虫防病的重点应放在治理柑橘木虱若虫上。

(四)加强健身栽培

柑橘健身栽培主要包括健苗培植、矮化修剪、均衡结果、配方施肥、有机肥应用和病虫害综合防治等。在柑橘黄龙病发生区，除了实施严格的检疫防控措施外，实行健身栽培也可以有效降低柑橘黄龙病的发病率和减轻发病症状，延长橘树经济寿命。

通过柑橘园内管理，创造园中小气候，不利于柑橘木虱的发生、繁殖和传播，而有利于柑橘树的健壮生长，可以减轻柑橘黄龙病的发生和危害。有条件的果园，四周可以栽植防护林，以减少日照和保持果园有较高的湿度，这对媒介昆虫的迁飞有阻挡作用。

第三节 柑橘溃疡病

学名 *Xanthomonas axonopodis* pv. Cirri Vauterin et al.

病原 薄壁细菌门(Gracilicutes)

假单胞菌科(Pseudomonaceae)

黄单胞菌属(Xanthomonas)

一、分布及危害

国内分布：江西、湖南、湖北、贵州、广西、四川、云南、浙江、江苏、上海、福建、广东和海南等省(市、区)。

柑橘溃疡病菌主要侵染芸香科的植物。主要寄主有柳橙、雪橙、脐橙、酸橙、香水橙、来檬和琯溪蜜柚、通贤柚、蕉

柑橘溃疡病病叶

柑橘溃疡病病枝及病果

柑、椪柑、瓯柑、温州蜜柑，茶枝柑、十月橘、年橘、早橘、樱橘等。据巴西报道，酸草也是此病菌的寄主。

危害：柑橘溃疡病菌可为害叶片、枝梢和果实。苗圃发病，苗木生长不良，素质低下，出圃延迟；成年结果树发病，生长衰弱，常引起大量落叶、落果，甚至枯梢；未脱落的轻病果形成木栓化开裂的病斑，严重影响果实的经济价值。据试验，雪柑落叶率或落果率均随病级的增大而上升；果实的大小和品质则随病级的增大而下降。一旦发病后，很难根除，在新橘区，不得不采取彻底销毁有病橘苗、病果实和病树的方法，以达到彻底消灭病害的目的。

二、症状识别

柑橘溃疡病为害枝梢、叶片、果实和萼片，形成木栓化隆起的病斑。病斑大小、形状和釉光边缘显隐，因寄主不同而异。在感病寄主如甜橙及柚上，病斑一般较大而隆起；在比较抗病的寄主如酸橙、宽皮橘及枳上，病斑一般较小而扁平。

(一) 叶片症状

病斑初期在叶背面产生圆形、针头大小微突起的油浸状半透明斑点，通常为深绿色，病斑周围组织褪色呈现黄色晕环。后斑点逐渐隆起，呈近圆形米黄色。随病情的发展，病部表面出现开裂，呈海绵状，隆起更显著，并开始木栓化，逐渐形成表面粗糙，灰白色或灰褐色，并现微细轮纹，中心凹陷的病斑。在紧靠晕圈外常有褐色的釉光边缘。后期病斑中央凹陷明显，似"火山口"状开裂。病斑直径一般为3～5毫米，多个小病斑连合，形成不规则的大病斑，严重时引起叶片早期脱落。

(二) 枝梢症状

发生在嫩梢上的病斑特征与叶片上的类似，但是病斑木栓化和隆起的程度，以及病斑中部开裂或下陷比叶片上症状更为明显，但枝梢上病斑周围无黄色晕圈。幼苗及嫩梢被害后，导致叶片脱落，严重时甚至枯死。

（三）果实症状

果实被害，症状与叶片上相似，但木栓化程度更高，火山口状开裂更显著，坚硬粗糙，一般没有黄色晕圈，病斑通常较叶上大，一般直径为4～5毫米，最大的可达12毫米。病斑只限于果皮，不发展到果肉部分，病果容易脱落。

三、生物学特性

病原形态是菌体短杆状，两端钝圆，大小为(1.5～2.0)微米×(0.5～0.7)微米，极生单鞭毛，有荚膜，无芽孢，革兰氏染色阴性，好气。在马铃薯琼脂培养基上，菌落初呈鲜黄色，后转蜡黄色，圆形，表面光滑，周围有狭窄的白色环带。在牛肉汁蛋白胨培养基上，菌落圆形，蜡黄色，全缘，有光泽，表面稍隆起，黏稠状。病菌生长适温为20～30℃，最低为5～10℃，最高为35～38℃，致死温度为55～60℃10分钟。病菌耐干旱，在一般实验室条件下能存活120～130天，但在日光下直接暴晒24小时即死亡；在相对湿度较低的土壤表面，病菌能在落叶中存活90～100天，当落叶埋入土壤时，存活期为85天。而在潮湿的沙中则只能存活24天。病菌耐低温，冰冻24小时后，生活力不受影响。病菌生长发育适合pH值为6.1～8.8，最适pH值为6.6。

四、传播途径

柑橘溃疡病菌在叶片、枝梢及果实的病斑中越冬，带病苗木、接穗和果实是该病传播的载体，病原菌的远距离传播主要是通过人为的引种，商品的流通。同一果园里，通过雨露或水滴飞溅病菌是主要的传播途径。在两地果园之间无流水和大路相通时，相距200米以上就有防止自然传播的短期效果，相距400米以上就可以相当安全地防止病害的自然传播。

柑橘种类与品种抗病性，严重感病的是甜橙类(包括柳橙、雪橙和脐橙等）；其次是酸橙、柚、枳；轻微感病的是有蕉柑、椪柑、瓯柑、温州蜜柑、早橘、槾橘等；抗病或免疫的有福橘、南丰蜜橘和金橘。柑橘溃疡病菌一般只侵染细嫩组织，但刚抽出的嫩梢、嫩叶，刚谢花后的幼果，以及老熟组织均不被侵染或很少侵染。嫩梢叶在萌发后20～60天和幼果在落花后35～80天时，气孔形成最多和达到开放型阶段，病原细菌最容易入侵，病害就可以开始并大量发生。到枝梢停止伸长，叶片革质化和果实部分转黄后，气孔就不再形成，已形成的气孔也进入衰老型，中隙闭合，病原细菌不能入侵，病斑就停止发生。

暴风雨及台风给寄主造成大量伤口，便于病菌侵入，并有利于病菌的繁殖和传播蔓延；摘除夏梢，控制秋梢生长的果园，发病就轻，留夏梢的果园，发病重。品种混栽的果园，由于不同品种抽梢期不一致，有利病害的发生与传染，并降低防治效果；原来抗病的品种也由于果园菌源多，抗病性逐渐减弱，因此发病会严重。

五、防控措施

(一) 加强检疫

在引进种子、苗木、接穗等栽植材料时，要进行严格的检疫检验。对外来有感病性芸香科植物，都要经过检疫、消毒和试种。

消毒方法：种子消毒先将种子装入纱布袋或铁丝笼内，放在50～52℃热水中预热5分钟，后转入55～56℃恒温热水中浸50分钟，或在5%高锰酸钾液内浸15分钟，或1%福尔马林液浸10分钟。药液浸后的种子均需用清水洗净，晾干后播种。未抽梢的苗木或接穗可用49℃湿热空气处理接穗50分钟，苗木60分钟。热处理到达规定时间后立即用冷水降温。已抽芽的苗木可用700单位/毫升的链霉素加1%酒精作辅助剂，浸苗30～60分钟。

对病苗的治疗：据华中农学院报道应用2000单位/毫升链霉素+1%酒精的混合液浸苗3小时，能消灭病组织内的病原细菌。

(二)培育无病苗木

苗圃应设在无病区或远离柑橘园2~3千米以上。砧木的种子应采自无病果实，接穗采自无病区或无病果园。种子、接穗要按以上的方法消毒。育苗期间发现有病株应及时烧毁，并喷药保护附近的健康苗。出圃的苗木要经全面检查，确诊无病后，才允许出圃。

(三)加强培育管理

冬季做好清园工作，收集落叶、落果和枯枝，加以烧毁。早春结合修剪，剪除病虫枝、徒长枝和弱枝等，以减少侵染来源。根据溃疡病病菌在温度高、湿度大时有利繁殖和夏梢易感病的特点，对夏梢发生多的柑橘树，适当进行摘梢或疏梢。对壮年树要设法培育春梢及秋梢，防止夏梢抽生过多。增施肥料能加强树势，提高柑橘树的抗病力。此外，在每次抽梢期应及时做好潜叶蛾、恶性叶虫的防治工作；夏季有台风侵袭的地区，在橘园周围应设置防风林带，新果园要注意品种的区域化。

(四)喷药保护

药物保护应按苗木、幼树和成年树等不同特性区别对待。苗木及幼树以保梢为主，各次新梢萌芽后20~30天(梢长1.5~3厘米，叶片刚转绿时)各喷药一次。成年树以保果为主，保梢为辅。保果在谢花后10天、30天和50天各喷药一次。台风过境后还应及时喷药保护幼果及嫩梢。

药剂可选用：50%代森铵水剂500~800倍液、1：1：200~300波尔多液、铜皂液(硫酸铜0.5千克，水200千克)、600~1000单位/毫升农用链霉素加1%酒精、50%退菌特可湿性粉剂

500～800倍液或5％田安水剂250～300倍液。据国外报道，0.0025％链丝环素防治溃疡病效果很好。

第四节　黄瓜绿斑驳花叶病毒病

学名　*Cucumber green mottle mosaic* Virus
病原　芜菁花叶病毒科(Tymoviridae)
　　　烟草花叶病毒属(Tobamovirus)

一、分布与危害

国内分布：上海、辽宁、山东、浙江、福建、湖南、河南、安徽、广东、湖北、海南等地。

2011年7～8月，浙江温州、宁波、温岭、萧山等13个地区西瓜及葫芦样本检测，发现该病毒，疫情较为严重。

危害：2006年列为全国植物检疫性有害生物。黄瓜绿斑驳花叶病毒主要寄主是黄瓜、西瓜和甜瓜，在葫芦上也有发现。病毒易通过汁液传播，但病毒的寄主范围较窄。该病具有高致病性、传播速度快、难以防治，一旦蔓延，将会对瓜类生产造成毁灭性的损失。

当侵害黄瓜时，其叶片上出现色斑，水泡及变形，植株矮化，结果延时，导致产量受损，甚至因不孕而绝产；有些亚洲株系在叶片上并不出现症状但是却能造成产量下降。在西瓜上为害，使果实严重的变色或内部造成腐烂。通常所说的"血果肉"，味苦不能食用，丧失经济价值。

二、症状识别

(一) 西瓜症状

在植株的幼叶出现不规则的褪绿色或淡黄色，呈斑驳花叶状，使绿色部分隆起叶面凹凸不平，叶缘向上翻卷，叶片略变窄细。叶片老化后症状逐渐不明显，与健康叶无大区别。病果表面出现浓绿色略圆的斑纹，有时在中央出现坏死斑。果梗再现褐色坏死条纹。果肉周边接近果皮部呈黄色水渍状，进而种子周围的果肉变紫红色或暗红色水渍状，果肉内出现块状黄色纤维，逐渐成为空洞。成熟果的果肉全变成暗红色，内有大量空洞呈丝瓜瓤状，软化，腐烂变味，不能食用。

（二）甜瓜症状

甜瓜受害后茎端新叶出现黄斑，但随着叶片的老化症状有所减轻。生长初期接种后7～10天，顶部第3、第4片幼叶出现黄色斑或花叶，远看顶部附近呈黄色，以后展开的3、4片叶症状反而减轻，再后的3、4片叶又出现黄花叶，不断变化。成株侧枝叶出现不整形或星状黄花叶，生育后期顶部叶片有时再现大型黄色轮斑。果实有两类症状；一种在幼果再现绿色花叶，肥大后期呈绿色斑。另一种在绿色部的中心出现灰白色部分。

黄瓜绿斑驳花叶病毒病为害状

黄瓜绿斑驳花叶病毒病病叶　黄瓜绿斑驳花叶病毒病病藤蒂　黄瓜绿斑驳花叶病毒病瓜剖面

(三)黄瓜症状

开始在新叶出现黄色小斑点，以后黄色部分扩展成花叶，并发生浓绿瘤状突起，有时黄色小斑点沿叶脉扩展成星状，或脉间褪色出现叶脉绿带。果实在病轻时只发生淡黄色圆形小斑点，病重时出现浓绿色瘤状突起变成畸形，严重时可以造成绝产。

三、病原形态

黄瓜绿斑驳花叶病毒属正单链RNA病毒，病毒粒体为杆状，长为300纳米，直径15纳米，致死温度为80～90℃10分钟，稀释终点为10^{-6}，体外保毒期为240天以上(20℃)，是一种很稳定的病毒。

四、传播途径

黄瓜绿斑驳花叶病毒通过多种方式传播，包括种子、嫁接、农事操作、植物间接触、汁液、花粉、病残体及含病株残体的土壤、栽培营养液、灌溉水、被污染的包装容器等。其中带毒种子是远距离传播主要途径。种子表皮、内种皮均带毒，病毒在种子内可存活8～18个月，带毒种子培育出花瓣、雄蕊、花粉均可检出病毒。用病株花粉授粉，1月后71%的果实出现绿斑，17%的叶片出现花叶。病株自花授粉发病率100%。接触性传染是近距离传播主要途径。可通过病株和健株间的自然摩擦、甲虫等的叮咬等渠道自然传播。更容易通过农事作业如嫁接、修剪、上架、摘心、人工授粉、摘果而相互感染。据对106株的调查，原有9株病株，两个月后达到30株。其他受污染的支柱、花盆、旧薄膜、农具、刀片都能传毒，剪枝用的刀片最高传毒率达45%。将病根埋在土内14个月后，病毒仍保持毒力，因此病土也是重要侵染源。

五、检测方法

田间调查时，主要检查叶片、果梗、果实，观察叶片上是否出现黄绿相间斑驳、隆起、皱缩、蕨叶，果梗是否有褐色条斑，果实表面是否有斑驳、凸起，果实内部是否有空洞、黄丝、果肉暗红倒瓤等。实验室检测常用生物学鉴定(苋色藜－枯斑反应)、血清学鉴定、分子生物学鉴定(PCR扩增、核酸斑点杂交制备)、电镜法进行检测。

六、检疫措施与防治方法

(一) 严格实行调运检疫

对西瓜、甜瓜等葫芦科种子、种苗、砧木和其他繁殖材料，必须由调入地植物检疫机构提出检疫要求，方可调出；对种苗繁育基地严格实行产地检疫，发生区不得繁育种苗，切断黄瓜绿斑驳花叶病毒远距离传播。

(二) 种子处理

干热处理：对于含水量4%以下，种子年限为2年以内的新鲜的种子，采用热处理，将种子置于72℃条件下处理72小时，值得注意的是要严格控制发芽率，发芽率达标后进行浸种催芽或直接播种；也可采用0.5%～1.0%盐酸、0.3%～0.5%次氯酸钠和10%磷酸钠进行种子处理。

(三) 农业防治

对发病田块，实行轮作倒茬，种植非葫芦科植物3年以上。在农事操作如嫁接、移栽等过程中，要用脱脂奶粉、磷酸三钠或肥皂水对手及工具进行消毒，防止人为交叉感染。嫁接时无论是砧木或接穗，都要选择无斑驳、花叶的健株。及时清除田间病残体，带出田外集中进行深埋或焚烧处理。

(四) 化学农药预防

使用溴甲烷、生石灰、氯化苦等对育苗地和已发病的地块进行土壤消毒处理。育苗棚用溴甲烷作土壤消毒处理，用药量为30～40克/平方米，棚室密封熏蒸48～72小时，通风2～3天后，揭开薄膜14天以上，再播种或移栽定植；高温闷棚，应在7～8月高温强光照时进行，用麦秸500～1000千克/亩，切成4～6厘米长撒于地面，再均匀撒上生石灰100～200千克/亩，深翻、铺膜、灌水、密封15～20天，再播种或移栽瓜苗。定植后苗期喷施抗病毒药剂进行预防。

第五节　瓜类果斑病

学名　*Acidovorax avenae subsp citrulli*(schaad) willems et al., 燕麦噬酸菌西瓜亚种。

病原　薄壁菌门(Gracilicutes)

假单胞菌科(Pseudomonaceae)

噬酸菌属(Acidovorax)

一、分布及危害

国内分布：内蒙古、辽宁、上海、福建、江西、山东、湖南、甘肃、宁夏和新疆等。

瓜类果斑病菌除为害西瓜外，还能为害甜瓜、厚皮甜瓜(包括哈密瓜，伽师瓜)、南瓜、黄瓜、西葫芦、蜜瓜和苦瓜等。

瓜类果斑病是瓜类生产上极具危险性的细菌性病害。1965年首先报道有西瓜果斑病的发生以来，后来在美国佛罗里达州发现，1989年蔓延至南卡罗来纳、印第安那等州以及关岛、提尼安岛(Tinian)等地区的9个州，致使当年的西瓜产量损失达50%～90%。数千公顷的西瓜受到影响，生产的西瓜有80%不能上市销售，美国认为瓜类果斑病是西瓜上的毁灭性病害。1998年以来，在新疆的阿勒泰地区哈密瓜每年都有发病，减产46%以上，发病重的田块，商品瓜率只有1/3。

二、症状识别

瓜类果斑病从苗期至成株期均可发病，病菌可危害叶片、茎及果实。

（一）幼苗期症状

瓜类幼苗感病，子叶的叶尖和叶缘先发病，出现水浸状小斑点，并逐渐向子叶基部扩展形成条形或不规则形暗绿色状病斑，后期病斑转为褐色，下陷干枯，形成不明显的褐色小斑，周围有黄色晕圈，病斑通常沿叶脉发展，对植株的直接影响不大，但却是果实感病的主要菌源。条件适宜时，子叶病斑可扩展到嫩茎，引起茎基部腐烂，使整株幼苗坏死。带菌种子繁殖的瓜苗在发病后1～3周即可死亡。

瓜类果斑病　幼苗子叶受害状

瓜类果斑病　成株期叶片受害状

（二）成株期症状

植株生长中期，叶片病斑多为浅褐色至深褐色，圆形至多角形，周围有黄色晕圈，沿叶脉分布，后期病斑中间变薄，病斑干枯，严重时多个病斑连在一起。有时病原菌自叶片边缘侵入，可形成"V"字形病斑，通常不导致落叶。茎基部发病初期呈水浸状并伴有开裂现象，严重时导致植株萎蔫。

瓜类果斑病　幼果后期受害症状

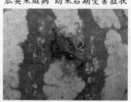

瓜类果斑病　高湿下流出菌浓

（三）果实症状

首先在果实表面出现水渍状斑点，初期较小，直径仅为几十毫米，随后迅速扩展，形成边缘不规则的深绿色水浸状病斑。这些坏死病斑几天内便可扩展覆盖整个果实表面，初期

瓜类果斑病　病果上的白色细菌分泌物

这些坏死病斑不延伸至果肉中，后期受损中心部变成褐色并开裂，果实上常可见到白色细菌分泌物或渗出物并伴随着其他杂菌浸染，最终整个果实腐烂，严重影响果实产量。

三、生物学特性

病原细菌属革兰氏阴性菌，菌体短杆状，大小为$(0.2\sim0.8)$微米$\times(1.0\sim5.0)$微米，极生单根鞭毛。在金氏B和NA培养基上形成奶白色、不透明、突起的菌落。菌落圆形光滑，略有扇形扩展的边缘，中央突起，质地均匀。不产生色素及荧光，属rRNA组I。在YDC培养基上，菌落圆形、突起、黄褐色，在30℃下培养5天直径可达$3\sim4$毫米。在KB培养基上，生长很慢，2天内只见到很少的菌落，菌落不产生荧光、圆形、半透明、光滑、微突起，在30℃下培养5天直径可达$2\sim3$毫米。

四、传播途径

瓜类果斑病菌适应性比较强，只要适宜种植西瓜和甜瓜的环境，均可能受到瓜类果斑病菌感染而发病。高温、高湿环境易发病，特别是在炎热季节又伴有暴风雨的条件下，有利于病菌的繁殖与传播，瓜园发病重，极易导致病害的流行。用带菌种子播种育出的幼苗，大多发病；一般瓜叶发病后，就会侵染幼瓜而发病。

瓜类果斑病的远距离传播靠带菌种子，雨水、风、昆虫及农事操作等则成为近距离传播主要途径。带菌种子播种萌发后病菌即侵染子叶，引起幼苗发病，病斑上的菌脓能进行多次再侵染。病原菌主要在种子和土壤表面的病残体上越冬，并成为来年的初侵染源。田间的自生瓜苗、野生南瓜等也是该病菌的宿主及初侵染源。病菌主要通过伤口和气孔侵染而发病。

五、检验方法

(一)种植观察

将瓜类种子种植于温室或实验室内的育苗钵(纸杯或塑

料杯)中，每一育苗钵中种植2粒种子，每份种子样品种植3000粒左右，最低不少于1000粒种子，生长环境温度为25～35℃，相对湿度≥70%，种子出苗后20天内观察幼苗发病情况。对可疑病叶作病原菌分离培养和鉴定，或直接进行PCR鉴定。

（二）种子检验

瓜类种子样品100克，装于干净纸袋中，做好标记，供检测用。将样品置于0.1%升汞溶液中表面消毒30～80秒(或含有效氯1%的次氯酸钠溶液表面消毒2～4分钟)，用无菌水清洗3次，将种子用无菌的小型电动粉碎机破碎种子，将已破碎的种子装入灭菌的广口瓶中，在瓶中加入200毫升灭菌的pH值7.2的0.1M磷酸钠缓冲液，混匀，30分钟后用该浸出液在金氏B平皿培养基上划线，每一样品做2个皿，然后将这些皿置于28℃恒温培养箱中培养48小时。

（三）病叶检验

用灭菌剪刀剪取病叶上的病斑，置于含有效氯1%的次氯酸钠溶液中表面消毒40～60秒，用无菌水分别清洗3次，然后将其移至一灭菌的培养皿中，加5～10滴无菌水，用灭菌玻棒将病斑研碎，使病组织液溶于无菌水中。用灭菌的移植环蘸取该液，在金氏B平皿培养基上划线，每一处理做2个皿，然后将这些皿置于28℃恒温培养箱中培养48小时。

（四）PCR检测

分别从病叶或分离培养的细菌菌株中提取核酸，进行PCR鉴定。

六、防控措施

（一）加强植物检疫

加强西瓜等葫芦科作物种子的检疫，杜绝带菌种子进入和传播蔓延。在调种引种前，应尽量到原产地作实地考察，尤其在发病适期，对繁种田块作产地检疫，根据瓜类果斑病的症状特点结合细菌溢脓的观察，初步确定细菌性病害。但必须进行病原菌分离鉴定，确定种子是否带菌。

(二) 选育抗病良种

据美国的研究，西瓜不同品系间的抗感性差异很大。在发病较重的地区应改种抗病品种，如三倍体较二倍体抗病、皮色深绿的较浅的抗病。在无病田繁种，从健康植株的健康果实上采种。从苗期开始调查发现病株立即带土移至田外烧毁。种苗生产过程中避免病菌污染，生产的种子应进行种子带菌率测定。实行秋季深翻地，将病残体、野生寄主及病菌等翻入土壤深处或破坏其生存环境，降低菌源数量，减少侵染几率。因病菌可从伤口侵入，不要在露水未干的感染田块中作业，也不要把感染田中用过的工具拿到未感染田中使用。

(三) 种子消毒处理

种子处理也是预防种子传病的可行措施。实验证实，采种时种子与果汁、果肉一同发酵24～48小时后，随即以1%的盐酸浸渍种子5分钟，或以1%次氯酸钙浸渍15分钟，立即用清水洗净、风干，都可有效去除种子表面携带的病菌，大幅度降低田间发病率，对种子发芽无不良影响。

(四) 轮作倒茬

与非葫芦科植物轮作，年限越长，防效越好。

(五) 药剂防治

田间出现病害，可用铜制剂、抗生素进行喷雾防治。应用可杀得等铜制剂时应注意对西瓜和甜瓜的药害。抗生素可选用农用链霉素、四环素等药剂，在发病初期喷洒，根据天气及病情每隔7～10天喷1次药。

第六节　水稻细菌性条斑病

学名　*Xanthomonas oryzae pv.oryzicola*(Fang et al.) Swings et al.

病原　薄壁细菌门(Gracmcutes)
　　　假单胞菌科(Pseudomonaceae)
　　　黄单胞菌属(Xanthomonas)

一、分布及危害

国内分布：广东、广西、湖南、云南、江西、四川、贵州、湖北、安徽、海南、福建、浙江和江苏等地。

细条病菌除为害水稻外，茭白、李氏禾和许多野生稻等均可受侵染而发病。

水稻细菌性条斑病是继白叶枯病之后的又一重要细菌性病害，主要发生在热带和亚热带地区的水稻上，水稻受细菌性条斑病危害，随被害叶片面积的增加，其空秕率也随之增加，千粒重相应降低。将病叶分成1级、2级、3级、4级、5级，其损失率分别为5.62%、16.45%、27.37%、39.84%和40.16%。就水稻品种而言，籼稻通常极为感病，多数粳稻的抗性都很强。籼稻因病造成的损失在5%~20%，严重时可达50%。

二、症状识别

水稻细菌性条斑病主要为害水稻叶片，幼龄叶片最易受害。病菌多从气孔侵入，还可由伤口侵入，病斑局限于叶脉间薄壁细胞，初为深绿色水渍状半透明小点，逐渐向上下扩展，成为淡黄色狭条斑，由于受叶脉限制，病斑不宽，但许多条斑可连成大块枯死斑。对光观察，病斑部半透明，水浸状，病部菌脓多，色深，不易脱落。水稻在孕穗期可见到典型病状。

三、生物学特性

水稻细菌性条斑病菌为短杆状细菌，单胞，偶尔成对，但不成链，大小1.2微米×(0.3～0.5)微米，单根极生鞭毛，能运动，无芽孢，无荚膜，好气性，革兰氏染色反应阴性。

病菌生长的温度范围为8～38℃，最适温度25～28℃，最低温度8℃，最高温度38℃，致死温度51℃，营养琼脂培养基上，菌落淡黄色，圆形，光滑，全缘，凸起，黏性。斜面上线性生长。在含有5%NaCl的肉汁冻中不生长，在孔氏和赞美氏营养液中不生长。液化明胶、牛乳不凝结但可完全胨化，石蕊反应呈微碱性且使石蕊大部分还原。硝酸盐不还原成亚硝酸

水稻细菌性条斑病病田

水稻细菌性条斑病病叶

盐，产生硫化氢和氨，但不产生吲哚。葡萄糖、蔗糖、木糖和甘露糖发酵产生酸，乳糖、麦芽糖、阿戊糖、甘露糖醇、甘油和柳醇不产生酸。固体培养基上不水解淀粉，甲基红和V.P测验反应阴性，对青霉素不敏感。

细条病菌株的毒力，据菲律宾测定，大部分为中等，少部分为弱毒和强毒性，弱毒株产生的病斑短于0.5厘米，而强毒株的病斑则为5～10厘米。在国内，菌株毒力也可以分为强、中、弱三种类型，但并没有发现小种特异性分化。

四、传播途径

病菌多在种子和病草上越冬，成为来年的初侵染源，也是远距离传播的主要途径，新区的发病主要是由于带菌的种子。病田收获的种子、病残株带病菌，为下季初侵染的主要来源。病粒播种后，病菌侵害幼苗的芽鞘和叶梢，插秧时又将病秧带入本田，主要通过气孔和伤口侵染，在侵入的早期病菌仅侵害叶脉间气孔下的薄壁细胞，在细胞间繁殖。环境条件适宜时，从病菌入侵到发病并出现菌浓只需要5～7天时间。因此，水稻生长期间的暴风雨，成为病害在田间扩散蔓延的主要原因。在夜间潮湿条件下，病斑表面溢出菌脓，干燥后成小的黄色珠状物，可借风、雨、露水、泌水叶片接触、昆虫及农事操作等作近距离的蔓延传播。

五、检验方法

产地检验：在国内调引种前，尽量在水稻生长季节，到产地作实地调查，主要考察田边、沟渠边稻苗上有无细条病症状，尤其在孕穗抽穗期，对繁种田块作产地检疫，十分有效且完全必要。

种子检验：采用分层分点式或分层随机取样法，对调运或贮藏中的种子，按种子量的0.1％～0.01％作抽样检查，种子样品作下列程序的检验。取种子100～500克，脱壳或粉碎后用0.01摩尔/升pH值为7.0磷酸缓冲液按1：2比例浸泡2～4

小时(4℃)，过滤或离心，上清液经高速离心浓缩(1000转/分钟，10分钟)，得上清液和沉淀两部分。上清液用于噬菌体检测，沉淀经悬浮后作血清学检验和接种试验。也可用常规的种子分离法检验或者种子育苗检验。

六、防控措施

(一) 加强植物检疫

不从病区引种或调种，病田稻谷禁止留作种用，病田稻草不得外调至无病区，防止病害的人为传播。

(二) 选用抗病良种

这是防治水稻细菌性条斑病最经济有效的措施；病田稻草不还田，病稻草栏肥需经高温沤制后施用。

(三) 种子消毒处理

可用强氯精浸种，强氯精不仅对细菌性条斑病有效，对水稻恶苗病也有较好的效果。方法是先将水稻种子用清水预浸，早稻24小时，晚稻12小时，经预浸的种子在87％的强氯精300～500倍稀释液中浸泡，早稻24小时，晚稻12小时，浸后用清水洗净再催芽。或用80％ "402" 2000倍浸种24小时。

(四) 实行健身栽培

增施有机肥，适当增施磷、钾肥，提高植株抗耐病能力。推行平衡施肥法，合理施用氮肥，防止过量、过迟施用氮肥。在病区防止田水串灌、深灌、漫灌。烤田要适度。

(五) 药剂防治

做好发病初期和秧田期的农药防治工作。在病区提倡带药下田，特别是晚稻秧田更要做到这一点，在3叶期及拔秧前3～5天喷药保护。每亩用20％噻菌铜悬浮剂100克或20％噻唑锌悬浮剂100克，隔7天喷1次，连喷2～3次。

第三章　危险性害虫

第一节　概　述

　　世界上为害农作物的害虫很多，据估计，至少有10000种以上的昆虫和螨类，它们的危害程度各不相同，其中有极少的一部分被列为检疫性有害生物，即危险性害虫。防止这些害虫的传入和蔓延，保护农作物安全生产，是植物检疫工作者的首要任务。1992年，农业部根据检疫工作的开展情况，颁布了《中华人民共和国进境植物检疫危险性病、虫、杂草名录》，其中包括一类害虫10种，二类害虫(含螨和软体动物)30种。1995年，农业部颁布了《全国植物检疫对象名单》，包括9种昆虫。2006年农业部颁布了《全国农业植物检疫性有害生物名单》，包括17种昆虫。2009年农业部颁布了《全国农业植物检疫性有害生物名单》，包括10种昆虫。2007年5月29日，农业部颁布第862号公告，公布了农业部和国家质量监督检验检疫总局共同制定的《中华人民共和国进境植物检疫性有害生物名录》，名录包括146种昆虫、6种软体动物等。

第二节　柑橘木虱

学名　*Diaph orina citri* Kuwayama
分类　半翅目(Hemiptera)、木虱科(Psyllidae)

一、分布及危害

国内分布：福建、台湾、广东、广西、四川、贵州、云南、浙江、湖南等省(区)。

省内分布：柑橘木虱1982年分布于温州、台州和丽水3市15个县(市、区)，最北端位于缙云县东金乡，为北纬28°45′。1996年分布于温州、台州和丽水3市19个县(市、区)，为北纬28°57′。2004年则分布温州、台州、丽水、金华、宁波、衢州等6市共39个县(市、区)，最北端位于奉化市，为北纬29°47′，与1982年相比北移1°02′。2010年最北端位于天台县，为北纬29°11′，向南回退了36′。

柑橘木虱在浙江省为害芸香科6个属的植物。其中包括黄皮属中的黄皮，枳属中的枳，吴茱萸属中的吴茱萸，九里香属中的九里香，金柑属中的金弹、金豆，柑橘属中的枸橼、柠檬、酸橙、甜橙、柚、橘、柑、杂柑等品种，以及花椒属中两面针等等。

柑橘木虱是柑橘嫩梢期的重要害虫，主要为害柑橘，也可为害九里香及黄皮等芸香科植物。以成虫和若虫群集嫩梢、

柑橘木虱若虫

柑橘木虱成虫

幼叶和新芽上吸汁为害。被害嫩梢幼芽萎缩干枯，新叶畸形扭曲。虫子的排泄物俗称"蜜露"还可诱发煤烟病。更重要的是，该虫是柑橘黄龙病的传毒虫媒，所以做好柑橘木虱的防除工作，不仅是减少虫子对柑橘为害的需要，而且也是综合防治柑橘黄龙病，控制病害蔓延扩大的重要环节。

二、形态识别

卵：长约0.3毫米，宽约0.2毫米，呈芒果形，橘黄色，表面光滑，顶端尖削，另一端有一短柄。卵散生或成排、成堆。

若虫：初乳白色至淡黄色，后期转青绿色，扁椭圆形，背面略隆起。共5龄，具翅芽，各龄若虫腹部周缘分泌有白色短蜡丝。

成虫：体长约3毫米，宽约1毫米，体表青灰色有褐色斑纹，头部前方两个颊锥凸出明显如剪刀状，中后胸较宽，整个虫子近菱形。足腿节黑褐色，胫节黄褐色，跗节褐色，爪黑色；后足胫节黄色，无基刺，端刺内外各3个，基跗节有一对端刺。前翅半透明，散布褐色斑纹，此带纹在顶角处间断，近外缘边有5个透明斑，后翅无色透明。成虫静止时与附着物成45°角。

三、发生规律

在浙江南部，柑橘木虱一年发生7代，以成虫在叶片背面越冬，世代重叠。3月中下旬越冬代成虫开始产卵，4月下旬开始孵化，5月上旬第一代成虫开始出现。产卵盛期分别为4月中旬、6月上旬、7月上旬、8月上旬、8月下旬、9月中下旬、10月初，其中8月下旬和9月中旬是木虱全年卵量最高峰期；卵高峰后7～8天即出现若虫盛期，8月底和9月底是若虫的最高峰期；成虫则无明显高峰期。浙江中西部橘区一年可发生5代，且世代重叠，3月底4月初开始产卵，4月下旬第一代若虫开始出现，5月上旬第一代成虫发生。若虫高峰期分别是4月下旬、6月上旬、7月中旬、9月中旬和11月下旬，成虫峰期不明显，卵高峰则为若虫高峰期的前7～10天，各峰期为30天左右，7～9月份虫口密度最大。木虱卵、若虫的发生盛期与柑橘抽梢期相吻合，亦即柑橘春、夏、秋梢的主要抽发期，一般以秋梢上的虫口数量最多，危害最为严重，可致秋芽枯死。橘园橘树每次嫩梢长至3～6厘米时，虫口密度最大，卵量在每次梢发芽5毫米时最大。

柑橘木虱在柑橘园内多呈聚集型的核心分布，成虫飞翔力不强，迁飞扩散慢，若虫活动能力更弱。成虫具趋黄、红色的特点。

四、生物学和生态学特性

在不同柑橘园中，由于营养和繁殖条件不同，木虱发生的数量也不一致。食料、气候、栽培、喷药和天敌活动是影响木虱虫口密度的因素，其中以食料影响最为重要，没有嫩芽，木虱就不能产卵。长期阴雨对木虱繁殖活动不利，虫口明显下降。通常衰弱树和黄龙病树上虫口密度远较健树上的为高，其差别可高达十多倍至数十倍，这是因为弱树和病树树冠枝叶稀疏，抽梢不整齐，从而有利于木虱的产卵繁殖。

适宜的寄主植物为木虱的发生创造了有利条件。一般为柑橘属受害最重，九里香和枳属次之，其他属较轻。柑橘属中枸橼类受害最重，甜橙类次之，宽皮橘类最轻。

栽培管理粗放和长期失管，且很少用药的橘园，或者房前屋后零星橘树，则普遍遭受木虱严重为害，虫口密度高。

柑橘木虱是喜温性昆虫，-6℃以下连续长期低温或者低温后突然升高又急剧下降时，会引起木虱的大量死亡，在浙江南部橘区历史上越冬成虫死亡率最高达到95%～100%。但是，近年来冬季气温变暖，使木虱发生纬度北移，发生范围扩大、越冬基数提高。跳小蜂、瓢虫、草蛉、花蝽、蓟马、螳螂、食蚜蝇、螨类、蜘蛛和蚂蚁等天敌对木虱有一定的抑制作用。

五、防控措施

(一) 严格检疫

柑橘木虱虽不是检疫性有害生物，但它传播柑橘黄龙病的危害性要大大超过其自身对柑橘树的危害。因此，在对其进行控制时，极有必要采取检疫措施。禁止将疫情发生区柑橘苗木及其他芸香科寄主植物运到无虫区栽种。另外，还要对九里香等花卉寄主植物上的柑橘木虱检疫。

(二) 生态预防

发展种植受害较轻宽皮橘类品种，禁止房前屋后零星种植芸香科果树或植物，减少柑橘木虱繁殖场所和中间寄主。

(三) 加强栽培管理

科学合理施肥，保持橘树生长健壮。坚持抹芽放梢(盛果期果园可全部去除夏梢)，去零留整秋梢，抹除晚秋梢，促进柑橘整齐放梢，减少夏秋期间木虱生活繁殖和越冬木虱早期食料、产卵繁殖场所。

(四) 药剂防治

抓住春梢(4月中旬)、夏梢(5月中旬、6～7月)、秋梢(8月上旬至9月中旬)等新芽萌发至展叶时进行喷药。发动农民自觉实施一年多次的专治和兼治。药剂可采用10%吡虫啉可湿性粉剂2000倍液、1.8%阿维菌素乳油2500倍液、25%噻虫嗪水分散粒剂5000倍液、20%吡虫啉可溶液剂4000倍液等交替使用。施药间隔期为7～10天，一般情况下，抽梢比较整齐时，每梢期喷药1～2次；抽梢不整齐、抽梢期较长且柑橘木虱持续发生的情况下，每梢期需喷药2～3次。在黄龙病病株挖除前须喷药1次，防止木虱向外迁移。做好冬季清园，结合其他病虫害防治，全面喷施农药1次，以消灭越冬代木虱。

第三节　葡萄根瘤蚜

学名　*Daktulosphaira Vitifoliae* Fitch
分类　半翅目(Hemiptera)
　　　根瘤蚜科(Phylloxeridae)

一、分布及危害

国内分布：上海、湖南、陕西和贵州等省。我国最早于1892年从法国引进葡萄苗木首先传入山东烟台市。

寄主植物：此虫为单食性，仅为害葡萄属植物(葡萄及野生葡萄)。

成、若虫刺吸叶、根的汁液，分叶瘿型和根瘤型两种。欧洲系葡萄上只有根瘤型，美洲系上两种都有。

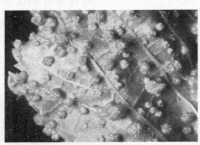

葡萄根瘤蚜叶瘿型

叶瘿型：叶部受害只在山葡萄的嫩叶上见到，嫩叶正面受害后呈透明状下陷斑，随后斑的周围呈粉红色。被害叶向叶背凸起成囊状，虫在瘿内吸食，繁殖，重者叶畸形萎缩，生育不良，甚至枯死。

根瘤型：葡萄根须受害形成菱角形的根瘤，虫体大多在肿瘤缝隙处刺吸根部营养，使受害处腐烂死亡，严重地破坏根系的吸收和运输功能，造成树势衰弱，影响结果。

葡萄根瘤蚜根瘤型

二、形态识别

葡萄根瘤蚜有3种形态(或4种形态)，即无翅型(叶瘿型、根瘤型)、有翅型(有翅产性型)、有性型；前两种为孤雌生殖，后一种为两性生殖。

叶瘿型：体近圆形，黄色，无翅，体背面凹凸不平，无黑瘤。触角端部有5毛。卵和若虫与根瘤型相近，但色较浅。

根瘤型：成虫体卵圆形，长1.2～1.5毫米，黄色至黄褐色，无翅，无腹管。体背有黑瘤：头部4个，胸节各6个，腹节各4个。触角3节，第3节有1感觉圈。眼由3个小眼组成，红色。卵长椭圆形，长0.3毫米，淡黄至暗黄色。若虫共4龄。

有翅型：成虫体长椭圆形，前宽后狭，长约0.9毫米，宽0.45毫米，初羽化时淡黄色，翅乳白色，以后体色转为黄橙色，翅也变为无色透明，中后胸深红褐色。触角3节，第3节上有2个感觉圈，顶端有5毛。卵和若虫同根瘤型，3龄出现灰黑色翅芽。

有性型：有性型蚜虫是由有翅型蚜虫所产的卵孵化出来的，由有性的大卵孵化出的为雌虫，小的卵孵化出的为雄虫，均不脱皮，无口器和翅，眼大，深红色。雌成虫体长，椭圆形，长约0.38毫米，宽0.16毫米；触角3节，长约0.1毫米，第1、第2两节短，第3节占全长的2/3，末端圆钝，近端处有1个小形感觉圈。雄虫0.32毫米，宽0.13毫米，触角与雌蚜相同，腹部末端逐渐尖削，外生殖器突出在腹部末端，呈乳突状。

三、发生规律

葡萄根瘤蚜在山东省烟台市1年可发生8代，主要以一龄若虫在10厘米以下的土层中，2年以上的粗根根杈缝隙被害处越冬。第二年春天4月上旬越冬若虫开始活动，此时主要为害粗根，5月上旬开始产卵，5月中旬至6月底和9月底这两段时期蚜虫数量最高。7月进入雨季，被害根开始腐烂，蚜虫沿根和土壤缝隙迁移到土壤表层的须根上取食为害，形成大量菱角形的根瘤。以7月上、中旬形成根瘤最多。6月以后开始出现有翅若蚜，以8、9月份发生最多。羽化后，大部分不出土，有少量出土但未见在枝蔓上产卵。葡萄根瘤蚜在烟台一般于山地壤土或黏土中发生较为普遍，而在沙地则不利其存活。7～8月份每头雌蚜产卵39～86粒，若虫期12～18天(共4龄)，成虫寿命14～26天。

葡萄根瘤蚜的卵及若蚜耐寒力都很强，在-14～-13℃时才被冻死。当第2年气温上升到13℃即开始活动。4～10月平均雨量为100～200毫米，适宜其繁殖为害。7～8月份雨水多，蚜虫集中于表土层须根上取食，不利其繁殖，种群数量下降。如果此时气候干旱，则易猖獗为害。不同土壤对该虫有很大影响，有裂缝、具团粒结构的土壤利于其迁移，而砂质土壤不利于其迁移。

四、传播途径

葡萄根瘤蚜主要随葡萄苗木传播，另外也可随装葡萄的箱和耕作工具传播。

五、检验方法

田间检查：首先根据葡萄的被害情况及葡萄根瘤蚜的某些生活习性、生活特点进行观察。在4～11月每月进行一次田间调查，在虫口发生高峰的9～10月是最佳调查时间，对存在树势相对其他葡萄树显著衰弱，叶色墨绿，提前黄叶、落叶，产量下降或整株枯死的可疑葡萄园采样，查看有无葡萄根瘤蚜。取样以植株主干为中心1米半径范围内寻找须根分布密集区域，对须根(包括部分直径2厘米左右的粗根)和根际土壤采样(500克)，放于密封塑料袋内，送检。检查时发现可疑根瘤时要注意记录，但最终鉴定要依据有无蚜虫及其特征。

六、防控措施

(一)植物检疫措施

(1)严格执行检疫制度：该虫多由苗木、插条传播，调运苗木时，应仔细检查和处理，要严格进行检疫，避免将该虫传入。确需要从疫情发生区调入苗木的，要做好苗木处理，将苗木插条先放入30~40℃热水中浸5~7分钟，然后移入50~52℃热水中浸7分钟。也可用50%辛硫磷1500倍液浸泡1分钟后取出晾干即可。

(2)加强封锁隔离：对发生葡萄根瘤蚜的葡萄园外围设置铁丝网，建唯一进出通道；落实专人值班，禁止外来无关人员进入；禁止葡萄园内所有接触过地面的物品运出。在唯一通道门口建消毒池，内置50%辛硫磷乳油800倍溶液，所有车辆(人员)须严格对轮胎(脚下)消毒后才能出园(上车)，24小时内不得再进入其他任何葡萄园。

(3)植株处理：①药剂处理。用10%吡虫啉可湿性粉剂1500倍，对葡萄园植株、地面和支架等均匀喷雾，杀灭地上可能存在的蚜虫。②藤蔓处理。药剂处理24小时后，将地上部分贴根砍掉，藤蔓就地切断，每段不长于50厘米，集中于深坑内，浇淋农药，上覆土。

(4)土壤处理：①地面施药。对园堤和果园中葡萄根部范围均匀灌透农药(50%辛硫磷乳油800倍溶液)；对园中水泥桩、栏杆等近地面20厘米高度范围均匀喷药；对果园其他地面喷药，要求不见干土。②灌水杀虫。有条件的地方，要对全部果园灌水杀虫，及时清除水面的杂物集中深埋，保持水深不低于10厘米，持续一个月。选择无根瘤蚜的沙地育苗。

(二)药剂防治

可用二硫化碳消灭在根上的根瘤蚜，方法是每平方米土壤打9个10~15厘米深的孔，每孔注药6~8克，注孔距植株不能少于25厘米，以防发生药害。处理时土壤含水量以30%、土壤温度在12～18℃为宜。施药时间应在开花前或秋季收获后进行。同时也可用50%抗蚜威可湿性粉剂2000～3000倍液、或40%乐果乳油1500倍液，于5月上旬灌根，每株灌药15千克。

第四节　扶桑绵粉蚧

学名　*phenacoccus solenopsis* Tinsley

分类　半翅目(Hemiptera)、蚧总科(coccoidea)、粉蚧科(Pseudococcidae)、绵粉蚧亚科(Phenacoccinae)、绵粉蚧属(Phenacoccus)

一、分布与危害

分布：我国2008年在广州首次发现，2009年在海南、广东、广西、云南、福建、江西、湖南、浙江、四川和台湾等10省(自治区)。

危害：扶桑绵粉蚧为害棉花、蔬菜和园林观赏植物等100多种寄主植物。2008年，国际棉花咨询委员会在其报告中指出，扶桑绵粉蚧是巴基斯坦和印度棉花生产的新威胁。2006

扶桑绵粉蚧

年由于扶桑绵粉蚧危害，巴基斯坦旁遮普省棉花减产12%，2007年减产超过40%。

扶桑绵粉蚧成虫和若虫能够从坚硬的植物组织中吸食汁液，同时，嫩芽和叶片也难逃其害。量大时可寄生在老枝和主茎上。扩散迅速，危害严重。受害棉株生长势衰弱，生长缓慢或停止，失水干枯。亦可造成花蕾、花、幼铃脱落。分泌的蜜露诱发的煤污病可导致叶片脱落，严重时可造成棉株成片死亡。

二、形态识别

扶桑绵粉蚧雌雄异形。雌成虫体呈椭圆形，扁平，足红色，腹脐黑色，被有薄蜡粉。在胸部可见0～2对、腹部可见3对黑色斑点。体缘有蜡突，均短粗，腹部末端4～5对较长。显微观察触角通常9节，足的爪下有齿，后足胫节上有大量透明孔。若虫形态相似。成虫体长3毫米，体粉红色，表面覆盖蜡状分泌物。

三、生物学特性

扶桑绵粉蚧是多食性昆虫，每年发生12～15代。在冷凉地区，以卵或其他虫态在植物上或土壤中越冬；热带地区终年繁殖为害。卵期3～9天，若虫期22～25天，每个世代生活周期为25～30天。扶桑绵粉蚧的生殖力很强，多营孤雌生殖。卵产在卵囊内，单头雌虫平均产卵400～500粒，每囊产卵150～600粒，且多数孵化为雌虫，一龄若虫通过爬行和风力扩散。因此，该虫在较短时间内可达到很高的发生水平。雄虫的存活时间很短，只与雌虫进行交配，并不取食。

四、田间调查识别

重点调查失管地和常年不施药的植物。首先检查寄主植物细嫩枝、嫩叶和幼芽，看有无白色蜡粉，再仔细寻找虫体。找到虫体后，根据形态特征，初步确定是否为粉蚧；然后仔细观察虫体背面，有无黑斑，发现疑似扶桑绵粉蚧后，请即向当地农业部门植物检疫机构报告；将虫体浸泡于盛有75％酒精的小瓶内，标签上注明采集地点、采集寄主、采集部位、采集时间和采集人，送省级检疫机构鉴定确认。

五、传播途径

扶桑绵粉蚧易转移扩散，随各类被侵染苗木、盆栽植物、秸秆或种子远距离传播，使其迅速扩散到新地区，不断扩大为害范围。1龄若虫爬行或随风、水、动物和人田间操作等近距离扩散。

六、防控措施

(一) 加强植物检疫

严禁带虫货物跨县级行政区域流通，对检查出的带虫对象，要果断、彻底的进行处理，防止其蔓延扩散。同时还要注意农机具、动物及其他农事操作而引起传播扩散。

(二) 农业防治

选用或培育抗虫的优良品种；将扶桑绵粉蚧的寄主作物与非寄主作物进行轮作；铲除田边、田埂的杂草，破坏害虫的生态环境；将附有扶桑绵粉蚧的植物叶片、茎或受害严重的植株全部铲除，并集中烧毁。

(三) 化学防治

扶桑绵粉蚧的繁殖周期短，年发生代次多且世代重叠，繁殖能力极强，故应尽量在其低龄期进行防治，避免虫害高峰期的到来，还要进行多次施药。根据有关材料报道，40％劲克介乳油、40％氧化乐果乳油和48％乐斯本乳油，防治扶桑绵粉蚧具有速效、残效期长且药效稳定。扶桑绵粉蚧寄主多，在对作物进行喷药的同时，对田间、沟边、路边的其他植被也要同时喷药防治。发生严重的地方要向土壤施药，使药剂能够渗入到根部，以消灭地下种群。

第五节 稻水象甲

学名 *Lissorhoptrus oryzoph ilus* Kuschel

分类 鞘翅目(Coleoptera)、象虫科(Curculionidae)

稻水象甲原产美国东部，是美洲大陆特有的种，水稻种植前的100多年，稻水象甲广泛分布于北美洲中部和东部，以沼泽地的禾本科、莎草科等潮湿地带生长的杂草植物为食。在18世纪后半叶，大规模种植水稻后，稻水象甲逐渐转移为害

稻水象甲幼虫及土茧　　　稻水象甲成虫

水稻，进而成为水稻上的重要害虫。1959年6月在美国加利福尼亚第一次发现孤雌生殖型稻水象甲后，在水稻种植区急剧扩大，从而成为20世纪初以来美国普遍发生的毁灭性水稻害虫；1976年5月在日本爱知县首次发现并迅速蔓延，至1983年几乎扩展到日本全境；1988年首次在我国河北省唐山市的唐海县发现。

一、分布及危害

国内分布：河北、天津、辽宁、山东、浙江、吉林、北京、福建、湖南、安徽、山西、陕西、台湾等地。

寄主植物：禾本科植物10属12种，莎草科4属5种，鸭跖草科2属2种，灯心草科1属2种，泽泻科1属1种。稻水象甲主要寄主植物为水稻、稗。

稻水象甲危害后影响水稻的分蘖力、株高、延缓水稻的生育期，从而影响产量。成虫多在叶尖、叶缘或叶间沿叶脉方向啃食嫩叶的叶肉，留下表皮，形成长短不等的长条白斑，长度

一般不超过3厘米，这种为害一般来说无重要经济损失。低龄幼虫啃食稻根，造成断根，刮风时植株倾倒，形成浮秧，受损的根变黑并腐烂，影响生长发育，使植株变矮，成熟期推迟，是造成水稻减产的主要因素。该虫为害引起的对水稻产量损失在20%左右，严重者可达50%左右。

二、形态识别

卵：长约0.8毫米，圆柱形，两端圆，略弯，珍珠白色。

幼虫：共4龄，各龄幼虫的头壳宽度有明显差异，可以作为分龄的参照。老熟幼虫体长约10毫米，白色，头部褐色；无足；体呈新月形。腹部2～7节背面有成对向前伸的钩状呼吸管，气门位于管中。

蛹：白色，大小、形状近似成虫，在似绿豆形的土茧内。

成虫：体长2.6～3.8毫米，体壁褐色，密布相互连接的灰色鳞片。前胸背板和鞘翅的中区无鳞片，呈暗褐色斑。喙端部和腹面、触角沟两侧、头和前胸背板基部、眼四周、前、中、后足基节基部、腹部三四节的腹面及腹部的末端被黄色圆形鳞片。喙和前胸背板约等长，有些弯曲，近于扁圆筒形。触角红褐色着生于喙中间之前，柄节棒形，触角棒呈倒卵形成长椭圆形，分为3节，第1节光亮无毛。前胸背板宽大于长，两侧边近于直，只前端略收缩。鞘翅明显具肩，肩斜，翅端平截或稍凹陷，行纹细不明显，每行间被至少3行鳞片，在中间之后，行间1、3、5、7上有瘤突。腿节棒形，不具齿。胫节细长弯曲，中足胫节两侧各有1排长的游泳毛。雄虫后足胫节无前锐突。锐突短而粗，深裂呈两叉形。雌虫的锐突单个的长而尖，有前锐突。

三、发生规律

稻水象甲以成虫在山坡、林地、田埂、稻茬、稻田周围的草丛、枯枝落叶层等各种栖息地，以滞育或休眠状态越冬，主要集中在有落叶覆盖的0～10厘米疏松地层下。稻谷中的成虫可活到来年播种期。该虫耐寒性很强，最低温-15℃仍能生存。

越冬成虫开始活动时间各地有别，在浙江南部沿海稻区，每年开春后，当日平均气温升到15℃以上，部分成虫开始少量取食于周边禾本科杂草的嫩叶，随着温度逐步上升，取食量相应增加。4月中旬至5月中旬，越冬成虫大量迁入秧田和本田，插秧后5～7天是成虫迁入本田的高峰期，同期或稍后也是成虫产卵高峰期。成虫具两性生殖型和孤雌生殖型，但在我国没有发现两性生殖型，全为孤雌生殖型。成虫产卵于水面以下的叶鞘中，且大部分产于第一叶鞘。幼虫孵化后在叶鞘内取食1～3天从鞘缘破孔而出，堕入水中，穿过泥土表层蛀食稻根，造成空根或断根，幼虫并有转株危害的习性，老熟幼虫在粗根上作土茧化蛹。

稻水象甲年发生代数主要取决于当地的水稻栽培制度和气候条件。一般在高纬度的单季稻产区年发生一代，在中、低纬度的双季稻产区年发生2～3代。在我国北方单季稻产区，年发生一代，在南方双季稻产区如浙江东南部等地，一年可发生两个完全世代，但相当一部分一代成虫羽化后直接转移到山坡田边越夏和越冬。

四、传播途径

稻水象甲传播途径多样，可通过自身的活动，成虫有较强的飞翔能力，可借风、雨、水流等"海、陆、空"自然传播、扩散。水稻秧苗和稻草可携带卵、初孵幼虫和成虫做远距离传播。成虫随稻种、稻谷、稻壳、稻草、芦苇及其他寄主植物进行远距离传播。成虫利用其趋光性附着在交通工具和所运输的货物上进行远距离传播。另外，近年发现该虫也可随蟹苗或鱼苗向外传播，或随着山坡、草地等稻水象甲越冬场所培育的苗木调运传播。

五、监测方法

稻水象甲发生的早期，通常采用的方法有取食斑法、越冬成虫筛检法、根部幼虫水洗法、土茧漂检法、灯光诱集法、迁飞活动中的碰撞盆集法。我国目前主要采取越冬代成虫取食的关键时期，组织专业技术人员，根据幼虫取食趋嫩绿习性，春天利用稻水象甲，在林带田埂、沟渠、路旁新萌发的杂草嫩叶上寻找，重点检查其喜食的白茅、狗尾草，狗牙根、稗草等嗜好的植物上的取食斑。普查时查看稻田和周边沟渠中生长的嫩幼稗草、假稻等水生禾本科、莎草科杂草，作为监测的易感的指示植物以提高普查监测效率。

六、防控措施

（一）检疫控制

严格执行国家植物检疫法规，对尚未发生稻水象甲的地方，要采取保护性措施。对于发生区，通过行政手段，划定稻水象甲疫区，设立植物检疫检查站，对应施检疫的植物、植物产品严格施行检疫，禁止从疫区调运秧苗、稻草、稻谷和其他寄主植物及其制品，防止用寄主植物做填充材料等，种用稻谷一定要进仓熏蒸作灭虫处理后方可调运。对稻水象甲适生区、适生场所，嗜好寄主植物，以及来自疫情发生区的应施检疫的产品，采样检验，复查，并开展普查监测，实施法规控制。

（二）农业防治

改变种植结构，避开稻水象甲危害期。稻水象甲发生与水关系极为密切，无水不能完成世代发育。在诸多的禾本科寄主植物中，最喜欢取食水稻，如果没有水稻种植，它就难以形成危害种群。因此，对位于山谷间、坑口历年危害比较重的稻区，第1季可以改种蔬菜等其他旱地作物，然后再种单季晚稻，或让其休闲不种早稻，避开越冬代成虫的迁飞繁殖期，可减轻危害。清理越冬场所，改变害虫生存环境，秋冬季铲除田埂、沟渠边杂草并烧毁，以减少越冬成虫数量，减轻危害。

（三）物理防治

在小片孤立稻田，利用灯光诱杀技术压低虫源；设置防虫网阻止稻水象甲迁移进入稻田或覆膜无水栽培，减少稻株上的落卵量。

（四）生物防治

保护和利用青蛙、蜘蛛、蚂蚁、鱼类、鸟类、螳螂、蜻蜓等捕食性天敌，可降低田间成虫数量，减轻危害。一些线虫、白僵菌类也是稻水象甲的天敌。

（五）化学防治

采取"狠治越冬代成虫，兼治一代幼虫，挑治第一代成虫"的防治策略，采用专业队与群众防治相结合的方法，在关键时期组织专业队进行统一时间、统一药剂、统一防治，搞好重发区的药剂防治、轻发区的控制和零星发生区的扑灭工作。根据该虫为害早稻秧田和本田初期的特点和目前生产上大多药剂防治成虫比防治幼虫效果好，抓住越冬代成虫防治这一关键时期，做好药剂防治。

秧田期防治。早稻秧田期在尼龙秧揭膜后越冬代成虫迁入秧田高峰期，每亩可选用20%氯虫苯甲酰胺悬浮剂50毫升，或40%氯虫苯甲酰胺·噻虫嗪水分散粒剂8克，或5%甲氨基阿维菌素苯甲酸盐乳油20克，秧田期对水30千克均匀喷雾。

本田期防治。本田期一般在5月上旬早稻秧苗移栽后5~7天，每亩可选用40%氯虫苯甲酰胺·噻虫嗪水分散粒剂10克，或5%甲氨基阿维菌素苯甲酸盐乳油30克，或10%阿维·氟酰胺悬浮剂30毫升，对水50千克均匀喷雾。也可选用5%丁硫克百威(好年冬)颗粒剂2~3千克混细土5~10千克水稻移栽1周后保持水层4厘米撒施，撒施后1周内不排水灌水。

在浙江稻水象甲发生地区，如1代稻水象甲卵孵高峰期(五月中下旬)恰与一代二化螟卵孵高峰期吻合，此时本田第二次防治稻水象甲成虫可兼治幼虫和螟虫。

对部分虫口密度较高的田块和晚稻秧田，可选用三唑磷、倍硫磷和水胺硫磷等药剂，在1代成虫羽化高峰期挑治，或结合白背稻虱、稻纵卷叶螟和2代二化螟防治，以有效地减少晚稻虫源和翌年虫源。

第六节　四纹豆象

学名　*Callosobruchus maculates* (Fabricius)
分类　鞘翅目(Coleoptera)、豆象科(Bmchidae)

一、分布与危害

国内分布：香港、澳门、云南、福建、广东、广西、湖南、湖北、江西、上海、浙江、山东、河南和天津等省(市、区)。

寄主植物：木豆、鹰嘴豆、扁豆、大豆、金甲豆、绿豆、豇豆、小豆、豌豆、赤豆、蚕豆、菜豆等多种豆类。

四纹豆象以幼虫在田间及仓库内为害各类豆粒，把豆粒蛀成空壳，不能食用、种用，大大降低商品价值。有报道，非洲南部此虫为害库存豇豆，3个月内平均减轻重量50%；在尼日利亚，豇豆储藏9个月后重量损失达87%。

四纹豆象成虫

二、形态识别

卵：长约0.66毫米，宽0.4毫米，乳白色，椭圆形，扁平，并有1受精孔和蚯蚓状的突起结构。

幼虫：老熟幼虫体长4.5～4.7毫米，宽2.0～2.3毫米。粗而弯，黄色或淡黄白色，光滑。头小，卵形，缩入前胸内。头部有小眼1对；额区每侧有刚毛4根，弧形排列，每侧最前的1根刚毛着生于额侧的膜质区；唇基有侧刚毛1对，无感觉窝。上唇卵圆形，横宽，基部骨化，前缘有多数小刺二近前缘有4根刚毛，近基部每侧有1根刚毛，在基部每根刚毛附近各有1个感觉窝。上内唇有4根长而弯曲的缘刚毛，中部有2对短刚毛。触角2节，端部1节骨化，端刚毛长几乎为末端感觉乳突长的2倍。后颏仅前侧缘骨化，其余部分膜质，着生2对前侧刚毛及1对中刚毛；前额盾形骨片后面圆形，前方双叶状，在中央凹缘各侧有1根短刚毛；唇舌部有2对刚毛。前、中、后胸节上的环纹数分别为3、2、2。足3节。第1～8腹节各有环纹2条，第9、第10腹节单环纹。气门环形。

蛹：体长3.0～5.0毫米，椭圆形，淡黄色或乳白色。头部弯曲向第1、第2对胸足后面，与鞘翅平合，长达鞘翅的3/4，复眼明显。生殖孔周围略隆起，呈扁环形，两面侧各具有一褐色小刺，但在初期蛹上不明显。

成虫：体长2.5～3.5毫米，体宽1.4～1.6毫米，长卵形，赤褐色或黑褐色。头部黑褐色，被黄褐色毛。头顶与额中央有1条纵脊。复眼深凹，凹入处着生白色毛；触角着生于复眼凹缘开口处，雄虫明显锯齿状，雌虫锯齿略扩大。前胸背板亚圆锥形，密生刻点，被浅黄色毛；表面凹凸不平，中央稍隆起，两侧向前狭缩，近端部两侧略凹，前缘中央向后有一纵凹陷，后缘中央有瘤突1对，上面密被白色毛，形成三角形或桃形的白毛斑。小盾片方形，着生白色毛。鞘翅长稍大于两翅的总宽，肩胛明显；表皮褐色，着生黄褐色及白色毛；每一鞘翅上通常有3个黑斑，近肩部的黑斑极小，中部和端部的黑斑大。

四纹豆象鞘翅斑纹在两性之间以及在飞翔型和非飞翔型两型个体之间变异很大。臀板倾斜，侧缘弧形。雄虫臀板仅在边缘及中线处黑色，其余部分褐色，被黄袒色毛；雌虫臀板黄褐色，有白色中纵纹；雌雄虫第5腹板和臀板较直，雄虫笋5腹板后缘凹而臀板前缘凸。后足腿节腹面有2条脊，外缘脊上的端齿大而钝，内缘脊端齿长而尖。雄性外生殖器的阳基侧突顶端着生刚毛40根左右；内阳茎端部骨化部分前方明显凹入，中部大量的骨化刺聚合成2个穗状体，囊区有2个骨化板或无骨化板。

三、发生规律

四纹豆象每年发生代数因地区、食料而异。据观察，在我国豇豆、菜豆和绿豆上每年发生9～10代。在大豆或蚕豆上，只有6～7代。24℃时每代历期平均为30～31天，26℃时平均为23～25天。以幼虫或成虫在豆粒内越冬。

第一代成虫于日平均气温达17～19℃开始活动，19～25℃间大量出现。天气温暖时，成虫羽化后即交尾、产卵。在田间，卵产于豆荚表面或开裂豆荚的豆粒上；在仓库内则产于豆粒表面，每一豆粒产卵1～3粒，多的产8粒。雌虫一生平均产卵82粒，最多产196粒。卵期3～37天。幼虫孵出后，从卵壳下直接咬破豆荚皮或豆粒种皮钻入豆粒，一生即在豆粒内蛀食为害，蛀成较大的孔穴，甚至会蛀成空壳。幼虫脱皮3次，幼虫期9～64天，平均18天。老熟幼虫先在豆粒内把种皮咬成一个2～2.5毫米直径的圆形羽化孔盖，然后化蛹；前蛹期1～2天，蛹期3～5天。成虫有假死性，善飞，在田间及仓库内能交替繁殖为害。

成虫寿命最长可达2～3个月，但寿命长短与温湿度有关。在发育适宜的温湿度范围内，温度越低或相对湿度越高则寿命越长。雌虫产卵量和寿命与幼虫的食料关系密切。以鹰嘴豆饲养的成虫产卵最多，寿命也较长；而以大豆饲养的雌虫产卵最少，寿命也最短。卵、幼虫、蛹发育最适温度为35℃，相对湿度75%，温度越低发育越慢。相对湿度虽对发育无显著影响，但超过90%时，往往因豆粒发霉而造成幼虫及蛹全部或部分死亡。

各温度下卵、幼虫、蛹的历期（单位：天）

温度（℃）	卵	幼虫	蛹
21	11	23.08	19.82
24	8	18.51	13.48
27	5.25	13.38	9.22
30	4.25	9.94	7.23
33	4	10.46	6.1
36	3	10.61	8.7

四、传播途径

以各虫态随寄主植物子实的调运及隐伏在铺垫材料、包装物、交通工具缝隙内作远距离传播。成虫飞翔、换仓搬运及仓库用具的搬移可近距离传播。

五、检测方法

过筛检验：用标准筛过筛检查豆粒间有无隐藏成虫。然后检查豆表面有否带卵粒，豆粒中有否成虫羽化孔或老熟幼虫做的半透明的"小窗"，筛下物中有无成虫。

比重检验：四纹豆象幼虫钻入豆粒内蛀食会使豆粒比重下降。可以通过不同盐类及浓度，利用物理比重法将其区分开来。方法是将100克试样倒入18.8%食盐水或硝酸铵溶液中搅拌10～15秒，静止1～2分钟，捞出浮豆，剖检被害数，计算被害率。

染色检验：白色的豆粒样品可用酸性品红染色法将蛀入孔染成红色，被害豆粒种皮上呈现有柄羽化孔时，染色后可查出豆粒内老熟幼虫和蛹。

X光检验：用X光透视检验豆粒内有无幼虫、蛹或成虫。

油脂检验：取过筛检验完的样品500~1000克，分成每50克一组，放在浅盘内铺成一薄层，按1克豆粒用橄榄油或机油1~1.5毫升的比例，将油倒入豆粒内均匀浸润，半小时后检查。被油脂浸润的豆粒变成琥珀色，幼虫侵害处呈一小点，虫孔口种皮呈现透明斑。将有上述症状的豆粒挑出，在双筒镜下剖检鉴定其中幼虫、蛹和成虫。此法对白皮、黄皮、淡褐色皮的豆粒效果良好，对红皮豆粒效果较差。

六、防控措施

(一) 严格植物检疫

调运的豆粒子实，必须严格进行检疫，发现有四纹豆象的，须经灭虫处理合格后方可放行。

磷化铝熏蒸：每立方用药2~3片，分若干施药点将药片均匀分散在仓库各部分，每药片的间距要在2厘米以上，以免自燃着火。仓内温度12~15℃时密封5天，16~24℃时为4天，20℃以上为3天。

高频和微波加热杀虫：对于旅客携带的小包装豆粒，用这两种方法快速、简便，对人畜安全无毒，对食用豆粒品质无影响。处理2千克物品，一般加热60~90秒，各部温度60~65℃，即可有效地杀死各种仓虫，但会影响种子发芽率。

氯化苦密闭熏蒸：在室温15℃时，用药量为每立方米40~70克，密闭24~48小时，可以杀死四纹豆象各虫态。1立方米用药70克，密闭24小时对含水量为13.5%的绿豆种子，其发芽率无影响；但含水量为8.2%的花生种子，其发芽率则有显著影响。经过氯化苦熏蒸过的食用豆类，必须在放气后10天以上，方可食用。

(二) 花生油保护

据Singh,S·R.报道，用花生油处理仓库内豇豆籽粒，可免受四纹豆象的为害，而对烹调、口味均无不良影响。方法是每公斤豇豆均匀拌入5毫升花生油后贮藏。其主要作用是可使四纹豆象卵及幼虫死亡，避受为害。

(三) 药剂处理

凡是运载、贮藏、包装和覆盖过感染四纹豆象一类的货船、火车、仓库、包装物、覆盖物等，一律用马拉硫磷等药剂处理。

(四) 田间防治

掌握成虫取食、产卵规律，做好预测预报，进行田间适时喷药。成虫出现盛期，可用杀虫剂喷施。

第七节　红火蚁

学名　*Solenopsis invicta* Buren

分类　膜翅目(Hymenoptera)、蚁科(Formicidae)、切叶蚁亚科(Myrmicinae)、火蚁属(Solenopsis)

一、分布及危害

国内分布：我国台湾、香港、澳门、广东、福建、广西、湖南等。

红火蚁最早分布于巴西、巴拉圭和阿根廷的巴拉那河(Parana)流域。20世纪30年代传入美国南部，并迅速在美国传播蔓延到南部和西部12个州110多万平方千米土地，每年损失十亿多美元，至今已造成84人丧命。2003年9月，我国台湾省发生红火蚁，并造成严重为害，由此引发了许多环境和社会问题。

危害：对人类健康、农业、生态环境、公共安全的威胁。

对人类健康的威胁：一旦蚁巢被打扰，红火蚁会对入侵者实施集体快速攻击。被红火蚁叮咬后疼痛难忍。在每次叮咬时都从毒囊中释放毒液，毒液中含有高浓度的毒素而引起灼烧感，这种灼烧感和发痒可以持续数小时。被蜇部位在4小时后形成小水疱，几天内形成一个白色脓包。若脓包破掉，则通常引起细菌二次感染。大多数人被蜇后仅仅刺痛处感到不适，但过敏体质的人会出现皮肤肿胀，甚至过敏休克，直至死亡。对毒素过敏者易有发热、麻疹，脸、眼或者喉咙部位肿胀，胸痛、恶心、出汗过多、呼吸困难、言语不清、麻痹或者心肌梗塞的危险。

被红火蚁叮后，应当立即用洗衣粉水冲洗叮咬部位或冰敷处理；使用类固醇外敷药膏和口服抗组胺剂，缓解搔痒和肿胀症状，防止伤口二次感染；症状严重的必须及时就医。

对农业的威胁：红火蚁可取食种子、根部、果实等，危害幼苗，如马铃薯的块茎、向日葵、黄瓜、大豆果实、黄秋葵、茄子、柑橘等。在春天取食萌发中的种子、玉米、高粱的秧苗。除了由于觅食习性所造成的农业上的损失外，红火蚁也破坏土壤环境和损坏灌溉系统，影响农作，导致耕作机器的损坏，降低工作效率。红火蚁叮咬侵袭牲畜，甚至会杀死小牛、小猪和其他的驯养动物。

对生态环境的威胁：红火蚁对野生动植物也有严重的影

红火蚁巢　　　　　　　　　　　红火蚁种群

红火蚁成虫

响，兵蚁攻击海龟、蜥蜴、鸟类等野生动物卵和野生植物幼苗。一旦入侵新的地区，红火蚁能大批消灭和取代当地的蚂蚁群体。红火蚁影响自然生态系统中的植物群，其取食种子的习性改变了各种种子的比率和能发育种子的分布，造成生态系统的重大改变。

对公共安全的威胁：红火蚁在美国破坏建筑和电子设备，例如空调、工场应急灯、电缆、油井、水井电泵，电脑甚至汽车电力系统都遭到过破坏。火蚁啃咬这些部分的绝缘层或带入泥土而引起短路，每年估计造成1000多万美元的财产损失。

二、形态识别

目前，我国有猎食火蚁S. indagatrix，知本火蚁S. tipuna，热带火蚁S. geminata，贾氏火蚁S.jacoti和红火蚁S.invicta五种火蚁属Solenopsis蚂蚁分布。形态特征、蚁丘大小和攻击性强弱是鉴定红火蚁主要依据。

红火蚁群体中有雌(雄)繁殖蚁、无生殖能力的兵蚁和工蚁，体型大小呈连续多态型。成虫体长约3～6毫米，头部宽度小于腹部宽度，触角10节，蚁结节2节。有翅雌成虫棕红色，有翅雄成虫黑褐色。

(一) 工蚁(小型工蚁)

体长2.5～4.0毫米。头、胸、触角及各足均棕红色，腹部常棕褐色，腹节间色略淡，腹部第2、第3节腹背面中央常具有近圆形的淡色斑纹。头部略成方形，复眼细小由数十个黑色小眼组成，位于头部两侧上方。触角共10节，柄节(第2节)最长，但不达至头顶，鞭节端部2节膨大成棒状，常称锤节。额下方连接的唇基明显，两侧各有齿1个，唇基内缘中央具三角形小齿，小齿基部着生刚毛1根。上唇退化。上颚发达；内缘有数个小齿。上述口器的特征是与热带火蚁的主要区别。前胸背板前端隆起，前、中胸背板的节间缝不明显；中、后胸背板的节间缝则明显，胸腹连接处有两个结节，第1结节呈扁锥状，第2结节呈圆锥状。腹部卵圆形，可见4节，腹部末端有螯刺伸出。

（二）兵蚁（大型工蚁）

体长6～7毫米。形态与小型工蚁相似，体橘红色，腹部背板色略深，上颚发达，黑褐色，体表略有光泽，体毛较短小，螯刺常不外露。头部比例较小，后头部较平，无凹陷；而热带火蚁兵蚁头部比例较大，后头部凹陷明显。

（三）蚁巢特征

红火蚁为完全地栖型蚁巢的蚂蚁种类，其成熟蚁巢是将土壤堆成的高10～30厘米，直径30～50厘米的蚁丘，蚁丘内部呈多孔蜂巢结构。新蚁巢在4～9个月后出现小土丘状的蚁丘。

三、生物学特性

在温暖阳光的季节，红火蚁多出现在公园绿地、人行道、草坪、高尔夫球场、田间、菜园、苗圃、村舍、竹林、家畜养殖场及荒地。在干旱的季节，多出现在铁路、机场、办公用的建筑物附近和居家附近电器相关的设备（电表、电话箱、变压器箱）中。该虫离不开水，喜欢在水边或者开阔的阳光地带地面筑巢，所以，一般可在溪流、沟渠、河流、池塘和湖边发现其蚁巢。但是，年最低温-17.8℃的低温环境以及干燥环境对红火蚁有限制作用，所以冬天温度降低时，红火蚁的活动力也会降低，因此疫情会有所减缓。

该虫食性杂，喜欢取食腐肉、遗骸、食物残渣、花蜜、其他昆虫和节肢动物，无脊椎动物和脊椎动物等，也可取食植物的种子、果实、幼芽、嫩茎与根系。

该虫繁殖力强，种群数量增长快。红火蚁无固定的交配期，但婚飞多在晚春及早夏发生。雄蚁交配后很快死亡，交配后的雌蚁则到适宜的地点筑新巢产卵。雌蚁最初可产卵10～15粒，卵期7～10天，幼虫期6～10天，蛹期9～15天，并形成第一代工蚁。新的蚁群建立后15～18周可形成新的生殖个体。一个群体年产新蚁后4500个。蚁后寿命一般为6～7年，日产卵1500～5000粒。蚁群发展很快，可在数月内繁殖成含15万～50万只个体的种群，并形成明确的分工，工蚁照看后代和保护蚁巢并修复蚁道，兵蚁则负责保卫和抢掠，未成熟个体仅见于土壤温度在25～30℃的蚁巢中。

该虫活动与湿度和温度密切相关。土壤10℃以上，繁殖活动就开始；20℃时，工蚁和有性蛹在出现，在22.5℃蚁翅出现，新的蚁后需要24℃以上的土壤温度繁殖种群。当土壤很湿或很干时，红火蚁的活动也很弱。

当蚁丘遭到打扰后，兵蚁会迅速移动，拼命攻击来袭者。它们的觅食能力和对来袭者的进攻意识强，使得红火蚁的生存竞争力和适生性强。

四、传播途径

红火蚁可人为传播和自然传播。该虫可以通过土壤、草皮、干草、盆栽植物、带有土的植物和植物产品、以及移动工具的贸易传播，也可通过受蚁巢侵染的培养土(如蛭石、泥炭土、珍珠石)、木质包装、机电设备和集装箱夹层或地层传播蔓延。2005年3月10日，广东检验检疫局在进口的一批废纸中截获红火蚁，引起检验检疫机构的关注。该虫可以通过自然迁飞、河流、洪水扩散蔓延。

在检疫中，我们必须根据红火蚁的生物学特点，对来自红火蚁发生区的带土植物、原木、废纸、木质包装、集装箱等货物和运输工具实施专项查验，一旦发现疫情，及时采取检疫处理措施，防止疫情传入。

五、防控措施

2004年红火蚁在我国发现后，引起农业部门的高度关注，农业部在组织专家在风险分析的基础上，根据《中华人民共和国进出境动植物检疫法》和《植物检疫条例》的规定，发布第

453号公告，将红火蚁定为进境植物检疫性有害生物和全国植物检疫性有害生物，在法律上加以完善，并要求加以封锁控制。

(一) 加强检疫把关

加强植物检疫，切断红火蚁传播源是做好国内封锁控制工作的重要保证。从红火蚁传播的轨迹看，它的远距离传播主要靠人为调运物品传播。澳大利亚和新西兰都是自然隔离条件十分优越的国家，但红火蚁先后传入上述国家，说明口岸加强防范十分必要。由于我国目前禁止进境的检疫性有害生物名录太窄，以前对红火蚁没有引起足够的重视。农业部将其增补为禁止进境的检疫性有害生物和国内农业植物检疫对象以后，对其检疫有了法律依据。

(二) 加强对疫情发生区的检疫管理

根据我国专家风险分析的结果，结合美国、澳大利亚和我国台湾地区的控制经验，应禁止疫情发生区内土壤、垃圾、建筑余泥、堆肥外运。同时，须对疫情发生区内容易携带红火蚁蚁巢、成虫或卵的媒介物体实施检疫，主要包括：草皮、干草、介质、盆栽植物、带有土壤的植物等。关键是要做好灭杀工作，压低红火蚁的密度，防止在婚飞阶段远距离扩散。

对于调运物品的检疫处理，则针对不同物品采取不同的处理方法。发生疫情后，对出自疫区的交通工具、货柜等采取喷施药剂的方法进行灭蚁消毒后方可放行；对苗木、花卉、盆栽植物采取喷雾、浸液或浇灌化学农药等方法处理；对于草皮、介质、干草和带土的植物，则一律采取化学药剂处理合格后才可以调运。

(三) 加强对局部疫点的灭杀

在消灭红火蚁过程中，一定要注意保护本地的蚂蚁和其他生态系统。一旦破坏了土生蚂蚁的栖息地就有可能造成生态位的空缺，反而有助于入侵红火蚁的传播和发生，因此必须予以认真区分，尤其是区分土著火蚁和入侵红火蚁。

红火蚁化学防治主要包括毒饵法、单个蚁巢处理法和两阶段处理法等。

（1）毒饵法。使用毒饵通常有两种方法：单个蚁巢处理和一定面积撒施。

单个蚁巢处理。适用于蚁丘零星出现的地区，使用时将饵剂点状或均匀撒布于蚁丘周围0.3～1米的范围内。

一定面积撒施。在蚁丘普遍出现的地区应均匀施撒饵剂。小面积撒施饵剂可以用手摇式专用撒播器；大面积撒施饵剂可选用地面机械式撒播机或飞机载撒播机。

（2）单个蚁巢处理法。单个蚁巢处理法是指使用触杀性或接触性慢性药剂处理单个可见红火蚁蚁巢的方法，当然也包括使用物理方法等。其核心目标是杀灭蚁后，达到明显抑制蚁巢发展的目标。

化学药剂使用方法包括浇灌、颗粒剂处理、粉剂处理或可渗透的气雾剂处理。目前，使用的药剂主要有菊酯类、西维因、毒死蜱等液剂或粉剂。

（3）两阶段处理法。两阶段处理法是指先在红火蚁觅食区域散布饵剂，7～10天后再以触杀性杀虫剂或其他方法采用单个蚁巢处理法处理单个蚁丘。大面积撒施饵剂防治效率较高，而单个蚁巢处理法速效性较强，将两者结合起来使用，发挥各自长处，会得到很好的防治效果。两阶段处理方法建议每年处理2～4次，通常在4～5月处理一次，而在9～10月再处理一次，可达到80%以上的防效，通过连续处理直到红火蚁灭除为止。

第四章　危险性害草

第一节　概　述

一、杂草及其危害

杂草一般是指非有意识栽培的植物。从生态经济的角度看，在一定的条件下，凡害大于益的植物都可称为杂草。从生态观点看，杂草是在人类干扰的环境下起源、进化而形成的，既不同于作物又不同于野生植物，它是对农业生产和人类活动均有着多种影响的植物。

杂草的危害是多方面的，它不仅直接危害农田、果园、桑园各种作物，造成减产，还使农产品品质恶劣；而且传播病虫害，或是病虫的桥梁寄主，诱发作物发病；有些杂草在水域里泛滥成灾，堵塞河道、沟渠，影响灌溉，阻碍水路交通；有些是有毒植物，人、畜接触或误食后引起中毒甚至死亡；还有些非本土杂草，在本土定植后严重影响了本土植物的生长和生物多样性。

(一) 杂草对农作物产量和质量的影响

杂草作为一类非栽培植物，通常比一般栽培作物适应环境的能力更强，抗旱、耐涝、耐瘠，因此与农作物的竞争特别强。与农作物争水、争光、争肥，致使农作物生长发育不良；据有关部门测定，每平方米有一处生杂草100～200株时，即每亩田中的杂草将吸去氮4～9千克，磷1.2～2千克，钾6.5～9千克，使谷物减产50～100千克/亩；如果一丛水稻夹有1、2及3株稗草时，水稻相应分别减产35.3%、62%和88%。有许多杂草还能直接寄生在作物上生长，导致作物死亡。据联合国统计，全世界每年因杂草危害使农产品平均减产10%。

(二) 侵占空间

杂草的生长需要占据一定的空间，这样就影响了作物光合作用，干扰了作物生长。在生产中，杂草种子数量远远超过作物的播种量，加上出苗早、生长速度快，易于造成草荒。如加拿大一枝黄花除种子繁殖外，只要有根，哪怕是一截根存在都可成长成一棵完整的植株，繁殖系数高，生命力极强，所到之处都会形成种群，挤占其他植物，而形成生物灾害。

(三) 助长病虫害发生，加剧病虫灾害

有许多杂草是病原物的寄主，也有许多杂草是害虫的寄主；还有许多杂草同时是病原物和害虫的寄主。而且多数杂草是越年生或多年生的植物，生长期比较长，加上杂草的抗逆性又强，成为病菌及害虫寄生植物或越冬场所，当作物播种生长后，则逐渐从寄生植物或越冬寄主迁移到作物上为害。

(四) 影响人、畜和家禽的安全

全世界的有毒植物约有2400种，这些植物，有的全株有毒；有的是植物的花粉有毒，使部分人引起过敏性反应；有的在果实和种子中有毒；有的茎叶有毒；有的则在根中有毒。有毒植物导致的中毒事件很多，不了解或检验不仔细，极易引起

中毒，如毒麦种子，若大量混入小麦，人吃了含有4%的毒麦的面粉就会中毒；豚草的花粉可使有些人引起花粉过敏症，使患者出现哮喘、鼻炎等症状。还有许多杂草的茎叶和果实或种子带有坚硬的刺或钩等，在家畜饲养或放牧期间往往刺伤其口腔和肠胃而引起病菌感染；有的杂草含一种特殊的气味，影响奶制品质量。

(五) 增加生产成本

杂草与农作物争水争肥，侵占空间，杂草越多清除杂草的用工量也越多，增加了生产成本。据统计，农村大田除草用工量约占田间总用工量的1/3～1/2，草多的水稻秧田和蔬菜苗床，每亩除草用工往往超过10工。生长在水渠及其两旁的杂草，影响渠水的流速，泥沙淤积，也增加了渠道疏浚成本。

(六) 对环境的影响

杂草导致生态系统多样性、物种多样性、生物遗传资源多样性的丧失和破坏。特别是外来杂草在入侵地往往导致植物资源的多样性变得单一，并破坏耕地。还有一些恶性杂草往往结实率高且有繁殖力极强的地下根茎，因而难以防除。

二、危险性草

危险性草是杂草中的一小部分，在农产品调运过程中受到植物检疫机构重视的，主要是那些以种子混杂在农产品中传播，且对农业生产会造成重大损害、或对人类的生态环境带来严重影响的植物，才被作为限定的对象加以限制。有些是有毒植物，人、畜误食后引起中毒甚至死亡，所以需要限制；有些是寄生植物，大多数国家都有限制；还有些非本土杂草，在本土定植后可能会严重影响本土植物的生长和生物多样性，因此要禁止其进入。这些被限制进入的植物就是检疫性有害植物。

成为危险性草的重要原因大多是由于这些植物生长快速，繁殖速度快，传播方式多样，防治难度大等特点，特别是可以通过人为调运来传播，促使害草传播更快、更远、蔓延更广、危害更重，因此若不通过检疫措施来加以控制，其所造成的损失是严重的。

第二节 加拿大一枝黄花

一、分布及危害

加拿大一枝黄花(Solidago canadensis L.)为菊科一枝黄花属多年生草本植物。目前，尚未列入国内农业植物检疫性有害生物名单。

加拿大一枝黄花原产北美东北部，据记载，我国是1935年作为观赏植物引进。由于其强大的繁殖能力、竞争能力以及多种途径的传播方式，现逐步蔓延发展成为华东地区重要的外来入侵恶性杂草，并逐步向全国适宜地区辐射蔓延，严重威胁入侵地的生态平衡和农林生产，如不加以控制，势必造成巨大的生态隐患。

加拿大一枝黄花成片植林

加拿大一枝黄花再生植林

加拿大一枝黄花花序

加拿大一枝黄花根茎

国内分布：江苏、浙江、上海、江西、安徽、湖北、湖南、云南等省市均有报道。目前，已形成以上海为中心，沿公路和铁路向相邻省区扩散的格局；台州以路桥机场为中心向四周辐射扩散。

加拿大一枝黄花的危害主要表现在对本地生态平衡的破坏和对本地生物多样性的威胁。这是由于加拿大一枝黄花强大的竞争优势，主要体现一是繁殖能力强，无性有性结合；二是传播能力强，远近结合；三是生长期长，在其他秋季杂草枯萎或停止生长的时候，加拿大一枝黄花依然茂盛，花黄叶绿，而且地下根茎继续横走，不断蚕食其他杂草的领地，而此时其他杂草已无力与之竞争。这3个特点使得它所到之处对本土物种产生了严重的威胁，易成为单一的加拿大一枝黄花生长区。

另外，治理和防除加拿大一枝黄花要消耗大量的人力和财力。2004年11月，江苏省苏州市共拔除并焚烧加拿大一枝黄花约293公顷，总计投入人力11万人次，耗资巨大。浙江省近年由于加拿大一枝黄花的发生，每年春季和秋季用于清除行动的经费近千万元。

二、形态识别

成株：多年生草本植物。植株高1.5～3米，茎直立、杆粗壮，中下部直径可达2厘米，下部一般无分枝，常成紫黑色，密生短的硬毛，地下具横走的根状茎。

根茎：每株植株地下有4～15条根状茎，以根颈为中心向四周辐射状伸展生长，最长近1米其上长有2～3个或多个分枝，顶端有芽，根状茎内储有大量的养分。

叶：叶披针形或线状披针形，互生，椭圆形、顶渐尖，基部楔形，近无柄。大都呈三出脉，边缘具不明显锯齿，纸质，两面具短糙毛。

花、果实：花果期10～11月。蝎尾状圆锥花序，顶生，长10～50厘米，具向外伸展的分支，分支上侧密生黄色头状花序。头状花序总苞片长3.5～4毫米，舌状花雌性，花柱顶端两裂成丝状；管状花两性，花柱裂片长圆形，扁平。花既能自花授粉，又能通过昆虫传粉。果实为连萼瘦果，长1毫米，有细毛，冠毛呈白色，长3～4毫米。

早期调查以路边的抛荒地、铁路和高速公路的两侧、农田边、城镇庭园为重点；以10月份为调查的主要时期；同时充分运用报纸、电视、广播等新闻媒体进行宣传，组织发动群众开展普查。

三、生物学特性

在对加拿大一枝黄花的调查过程中发现，在生长密集的加拿大一枝黄花生长区，地下几乎找不到其他杂草。一方面是因为其强大的生长优势，与其他杂草争水、争肥、争阳光；另一方面是由于加拿大一枝黄花的根部会分泌一些物质，这些物质可以抑制糖槭幼苗的生长，也抑制包括自身在内的草本植物的发芽。在丹麦，有研究表明，其根系有乙炔气体的存在，估计也有抑制其他物种生长的作用。加拿大一枝黄花是否有化感作用，作用有多大，有效部位在什么地方，其分泌的次生化合物的有效成分是什么物质，这些问题均有待进一步分析研究。如确有化感作用，则可以利用分析出的有效成分进行新型植物源除草剂的开发。

加拿大一枝黄花从山坡林地到沼泽地带均可生长，常见于城乡荒地、住宅旁、废弃地、厂区、山坡、河坡、免耕地、公路边、铁路沿线、农田边、绿化地带。喜阳不耐阴，在高大遮荫的乔木下基本没有发现正常生长的群落。耐旱，耐较贫瘠的土壤，因此山坡荒地都能生长良好，甚至在水泥地裂缝、石缝中也能茂盛生长。而在湿度较大、水分充裕的地区，往往植株较为矮小细弱，叶色偏淡。加拿大一枝黄花是多年生的根茎植物，以种子和地下根茎繁殖。每年3月份开始萌发，种子和每个根状茎顶端的芽都能萌发成独立的植株，4～9月份为营养生长，7月初，植株通常高达1米以上，10月中下旬开花，11月底到12月中旬果实成熟，一株植株可形成2万多粒种子，所以每株植株在第二年就能形成一丛或一小片。根据观察发现：加拿大一枝黄花主要为害的是荒地和免耕地，在有人工栽培措施的地方很少发现。

加拿大一枝黄花主要生育期，常见的伴生杂草有狗尾草、马唐、甘野菊、鬼针草。在加拿大一枝黄花密度较稀疏、盖度较小的地方，能与之伴生的还有狗牙根、一年蓬、水花生。加拿大一枝黄花根状茎大多形成于秋季，根芽越冬后在早春恢复生长（在暖冬年份，冬季即可长出次生苗）。此时与之伴生的杂草主要有一年蓬、大巢菜、猪殃殃、野老鹳、阿拉伯婆婆纳等早春杂草。加拿大一枝黄花在较短的时间内，于定居点迅速横向扩展，使早春杂草很快退出竞争，而秋季杂草的生长又由于加拿大一枝黄花迅速生长形成郁闭环境而受到强烈抑制，因此在一枝黄花定居点通常易形成单一优势种群。

四、传播途径

加拿大一枝黄花有两种方式传播蔓延：种子随风传播和根状茎横走传播，顺铁路、高速公路沿线发展。最近发现，加拿大一枝黄花随土壤传播的迹象，在城乡荒地建房挖出的土壤运到那里，加拿大一枝黄花就生长到那里。

加拿大一枝黄花以根状茎和种子两种方式进行繁殖。根状茎以植株为中心向四周辐射状伸展生长，其上的顶芽可以发育成为新的植株。据观察，一株春季移栽的幼苗可在两年内形成50余株独立的植株。实验表明，加拿大一枝黄花的茎秆插入土中，在合适条件下仍能生长形成完整植株，显示了其强大的生命力。

五、防控措施

加拿大一枝黄花是一种危害极大的外来入侵植物，具有极强的生长繁殖能力，能迅速扩展蔓延，其破坏性主要表现为抑制入侵地其他植物生长，破坏生态系统，破坏园林绿化景观，对农田形成较大危害。要防治加拿大一枝黄花，可用以下几种方法：

(一) 农业防治

加拿大一枝黄花的发生与其周围的生态环境有较大关系。如果长时间不管理的地块，那么一枝黄花生长茂盛，密度高，其危害也大；相反，人工管理好地块（如苗圃、果园、菜园等地），发生就轻或有的甚至没有，因此，日常应加强对可耕地的管理和利用，尽量减轻一枝黄花的危害。

(二) 物理防治

目前，对于加拿大一枝黄花连片生长区，针对其根系分布较浅的特点，一般采用连根拔除之后焚烧的方式进行防治。此法虽然较彻底，但费时费力，成本高，效率低。也可以在开花期剪去花枝，减少种子形成数量。此法相对简便但不彻底，无法清除地下繁殖器官。

根据加拿大一枝黄花种子小、发芽势差、顶土能力弱的特点，翻耕有加拿大一枝黄花种子的地块，如果发现其种子被翻入土下5厘米以下就无法发芽出土。因此，可在冬季对一枝黄花主要落种区实施翻耕，覆盖种子，以减少春季出苗量。对于发生在抛荒地上的加拿大一枝黄花，把植株连根(根状茎)挖除后，要及时进行复耕复种，减少抛荒，减少其繁殖空间。

(三) 化学防除

化学防除是控制加拿大一枝黄花最经济有效的手段。在其苗期或成株期，可用草甘膦等灭生性除草剂及其复配剂防除，利用其内吸传导特性杀死地下部分，防除效果较好。药剂有：①88.8%飞达红(草甘膦铵盐可溶性粒剂)100克/亩；②75.7%农旺757(草甘膦铵盐可溶性粉剂)100克/亩。

(四) 生物防治

据有关报道，某种蛾类幼虫取食加拿大一枝黄花的叶子，并在植株的茎秆中发现了钻入的幼虫以及另一种昆虫的卵和成虫(似寄生实蝇)。可以考虑利用这些天敌昆虫对加拿大一枝黄花的扩散进行有效遏制。但如何综合评价和利用这些天敌控制加拿大一枝黄花的生长有待进一步研究。

第五章　行政处罚

第一节　植物检疫法律责任

一、行政处罚

当事人未按规定办理相关植物检疫单证，报检过程中故意谎报、隐瞒及提供虚假材料，调运过程擅自开拆验讫、调换或夹带未经检疫的物品、伪造、涂改、买卖、转让检疫单证、印章等，经营加工未经检疫的种苗，未经批准擅自从境外引种或不按要求隔离试种等，对于上述违法行为之一植物检疫机构应当责令当事人纠正，可以处以罚款，并可以没收违法所得；造成损失的，检疫机构可以责令当事人赔偿损失；构成犯罪的，由司法机关依法追究其刑事责任：

对于违法行为的罚款，属非经营性违法行为的，可处以200元以上2000元以下的罚款；属经营性违法行为的，可处以货物价值5%以上30%以下的罚款，但罚款的最高数额不得超过50000元。

因违法行为引起疫情扩散的，植物检疫机构应当对其从重处罚，并可责令当事人对染疫的植物、植物产品和被污染的包装物作销毁或者除害处理。

二、行政救济

当事人对植物检疫机构的行政处罚决定不服的，可以自接到决定书之日起六十日内，向作出行政处罚决定的植物检疫机构的同级农业、林业行政主管部门申请复议；对复议决定不服的，可以自接到复议决定书之日起十五日内，向人民法院提起诉讼。

三、民事责任

当事人违反植物检疫法规规定，给他人(或单位)造成财产或其他损失的，应当按照民事法律法规的规定，承担相应的民事责任，负责赔偿损失。赔偿的方式可以自行协商解决，也可以通过人民法院，具体程序可以通过民事诉讼程序提起诉讼，也可以通过刑事附带民事的形式提起诉讼。

四、刑事责任

(一)对当事人处罚

刑事处罚，是指对违反《植物检疫条例》及有关植物检疫法规规定，构成犯罪的，依据《刑法》的规定给予处罚。触犯《刑法》的行为主要有以下几种。

(1)阻碍植物检疫人员执行职务，情节严重的。《刑法》第二百七十八条规定："煽动群众暴力抗拒国家法律、行政法规实施的，处三年以下有期徒刑、拘役、管制或者剥夺政治权利；造成严重后果的，处3年以上7年以下有期徒刑。

(2)伪造、涂改、买卖、转让植物检疫单证、印章、标志、编号、封识，如果情节严重，可以依照刑法第二百八十条的规定追究刑事责任。《刑法》第二百八十条规定："伪造、变造、买卖或者盗窃、抢夺、毁灭国家机关的公文、证件、印章的，处三年以下有期徒刑、拘役、管制或者剥夺政治权利；情节严重的，处3年以上10年以下有期徒刑。伪造公司、企业、事业单位、人民团体的印章的，处三年以下有期徒刑、拘役、管制或者剥夺政治权利。

(3) 违反动植物检疫法规规定，逃避检疫，引起重大动植物疫情传播蔓延的，可以依照刑法第三百三十七条的规定追究刑事责任。刑法第三百三十七条【妨害动植物防疫、检疫罪】违反有关动植物防疫、检疫的国家规定，引起重大动植物疫情的，或者有引起重大动植物疫情危险，情节严重的，处三年以下有期徒刑或者拘役，并处或者单处罚金。

单位犯罪的，对单位判处罚金，并对其直接负责的主管人员和其他直接责任人员，依照前款的规定处罚。

(二) 对检疫工作人员处罚

植物检疫机构及其工作人员应严格依照植物检疫的各项规定实施检疫和办理审批事项。对不按规定办理造成一定后果的，或者滥用职权、徇私舞弊的，由农业行政主管部门或监察部门给予行政处分；构成犯罪的，由司法机关依法追究刑事责任。

《刑法》第四百一十三条【动植物检疫徇私舞弊罪、动植物检疫失职罪】。动植物检疫机关的检疫人员徇私舞弊，伪造检疫结果的，处五年以下有期徒刑或者拘役；造成严重后果的，处五年以上十年以下有期徒刑。

检疫工作人员严重不负责任，对应当检疫的检疫物不检疫，或者延误检疫出证、错误出证，致使国家利益遭受重大损失的，处三年以下有期徒刑或者拘役。

五、行政赔偿

植物检疫机构及其工作人员在行使行政职权时违法实施罚款、没收财物，违法对财产采取查封、扣押等行政处罚有侵犯财产权情形的，按照《国家赔偿法》第四条的规定，受害人有取得赔偿的权利。

第二节　行政处罚法有关知识

行政处罚法是为了规范行政处罚的设定和实施，保障和监督行政机关有效实施行政管理，维护公共利益和社会秩序，保护公民、法人或者其他组织的合法权益，根据宪法规定制定的法律。

一、适用对象

公民、法人或者其他组织违反行政管理秩序的行为，应当给予行政处罚的，依照行政处罚法由法律、法规或者规章规定，并由行政机关依照行政处罚法规定的程序实施。

二、行政处罚的公正、公开原则

公正原则：设定和实施行政处罚必须以与违法行为的事实，性质、情节以及社会危害程度相当。

公开原则：作出行政处罚的规定要公开，法律、行政法规、地方性法规以及依法制定的规章，凡是要公民遵守的，都要事先公布，让公民知晓。

三、公民、法人的权利

行政处罚法规定，公民、法人或者其他组织对行政机关所给予的行政处罚，享有申辩权和陈述权；同时还规定，公民、法人或者其他组织对行政处罚不服的，有权依法申请行政复议或者向人民法院提起行政诉讼。

四、行政处罚种类

行政处罚法规定，行政处罚的种类：警告；罚款；没收违法所得、没收非法财物；责令停产停业；暂扣或者吊销许可证、暂扣或者吊销执照；行政拘留；法律、行政法规规定的其他行政处罚。

五、行政法规和地方性法规设定的行政处罚

行政法规设定的行政处罚种类有：警告；罚款；责令停产停业；暂扣或者吊销许可证、暂扣或者吊销执照；没收违法所

得、没收非法财物的行政处罚，不能设定限制人身自由的行政处罚。

地方性法规设定的行政处罚种类有：警告；罚款；责令停产停业；暂扣或者吊销许可证、暂扣或者吊销除企业营业执照外的其他执照；没收违法所得、没收非法财物的行政处罚，不能设定限制人身自由，吊销企业营业执照的行政处罚。

六、授权执法

授权执法是指法律、法规将某些行政处罚权授予非行政机关的组织行使。行政处罚法规定，法律、法规授权的具有管理公共事务职能的组织可以在法定授权范围内实施行政处罚。经过授权、非行政机关的组织就取得了执法的资格，可以以自己的名义行使处罚权，并独立地承担相应的法律后果。

七、行政处罚权的委托

行政处罚权的委托是指享有处罚权的行政机关将处罚权委托给其他行政机关或者组织行使，受委托的行政机关或者组织在委托范围内，以委托机关的名义实施处罚。

八、行政处罚的管辖和指定管辖

行政处罚法规定，行政处罚由违法行为发生地的县级以上地方人民政府具有行政处罚权的行政机关管辖，法律、行政法规另有规定的除外。

指定管辖是指上级行政机关以决定的方式指定下一级行政机关对某一行政处罚行使管辖权。通常是因两个以上的行政机关对行政处罚的管辖问题发生纠纷或者因特殊情况无法行使管辖权时，才由上级行政机关确定由谁管辖。行政处罚法规定，对管辖发生争议的，报请共同的上一级行政机关指定管辖。

九、一事不再罚原则

一事不再罚原则是指对违法行为人的同一个违法行为，不得以同一事实和同一依据，给予两次以上的行政处罚，目的在于防止重复处罚，体现处罚相当的法律原则，以保护行政相对人的合法权益。

十、免予处罚和从轻、减轻处罚

行政处罚法规定，已满14周岁不满18周岁的人实施违法行为的，从轻或者减轻行政处罚。同时还规定，当事人有下列情形之一的，应当在法定的范围内从轻或者减轻行政处罚：

(1) 主动消除或者减轻违法行为危害后果的；

(2) 受他人胁迫有违法行为的；

(3) 配合行政机关查处违法行为有立功表现的；

(4) 其他依法从轻或者减轻行政处罚的。

违法行为轻微并及时纠正，没有造成危害后果的，不予行政处罚。

十一、行政处罚与刑事处罚

行政处罚是指行政机关对公民、法人或者其他组织违反国家有关法律、法规，尚未构成犯罪，应当依法承担行政责任的，给予必要的处罚的行为；刑事处罚则是指犯罪行为应当承担的法律后果，是国家惩罚犯罪分子的一种强制手段。

十二、行政违法行为的时效

行政处罚法规定，违法行为在两年内未被发现的，不再给予行政处罚，法律另有规定的除外。行政处罚法规定的两年期限，从违法行为发生之日起计算；违法行为有连续或者继续状态的，从行为终了之日起计算，这是行政处罚法关于时效的规定。

十三、行政处罚程序

简易程序和一般程序：简易程序是对违法事实确凿且有法定依据，处罚较轻的行为，由执法人员当场作出行政处罚决定。行政处罚法规定，违法事实确凿且有法定依据，对公民处以50元以下，对法人或者其他组织处以1000元以下罚款或者警告的行政处罚，可以当场作出行政处罚决定。对于处罚较重的案件、情节复杂的案件和当事人对于执法人员给予当场行政处罚事实认定有分歧而无法作出行政处罚决定的案件，对上述案件适用一般程序进行处罚。

申辩和听证程序：行政处罚法规定，行政机关在作出行政处罚决定之前，应当告知当事人作出行政处罚决定的事实理由及依据，并告知当事人依法享有的权利，当事人有权进行陈述和申辩。听证程序是指行政机关为了查明案件事实、公正合理地实施行政处罚，在作出行政处罚决定前通过公开举行由有关利害关系人参加的听证会，广泛听取意见的程序。

十四、行政处罚的回避制度

一是办案人员与作出行政处罚决定的人员分开；二是作出罚款决定的机关与收缴罚款的机构分离。

十五、行政处罚告知义务和当事人的申辩、陈述权

行政机关在作出行政处罚决定之前，应当告知当事人作出行政处罚决定的事实、理由及依据，并告知当事人依法享有的权利。

当事人有权进行陈述和申辩。行政机关必须充分听取当事人的意见，对当事人提出的事实、理由和证据，应当进行复核；当事人提出的事实、理由或者证据成立的，行政机关应当采纳。行政机关不得因当事人的申辩而加重处罚。

十六、当场处罚的规定

违法事实确凿并有法定依据，对公民处以50元以下，对法人或者其他组织处以1000元以下罚款或者警告的行政处罚的，可以当场作出行政处罚决定。

当事人对当场作出的行政处罚决定不服的，可以依法申请

行政复议或者提起行政诉讼。

十七、当事人的义务和救济权

改正违法行为的义务；协助行政机关调查的义务；依法承担民事责任的义务；履行行政处罚决定的义务。

行政处罚后当事人对行政处罚不服的，可以依法提请行政复议或者提起行政诉讼。当事人的权益受到损害的，有要求行政赔偿的权利。

十八、行政处罚决定书

行政处罚决定书是行政机关作出行政处罚的行政行为具备法律效力的表现形式。通过这一法律形式，确定行政机关实施行政处罚的法律效力，对当事人产生约束力，形成行政行为合法的效果。

十九、行政赔偿制度

行政机关及其工作人员在执行职务的过程中，侵犯公民、法人和其他组织的合法权益造成损害的，应当承担赔偿责任。行政赔偿的方式有金钱赔偿、恢复原状、返还原物、消除影响、恢复名誉、赔礼道歉等。

二十、行政处罚的执行

实施行政处罚是行政机关的一种具体行政行为，是行政机关在代表国家进行行政管理活动中作出的一种国家意志的体现，而国家意志是具有强制性的，正是这种强制性维系着行政处罚这一具体行政行为的权威性和有效性。依法作出的行政处罚决定的有效性体现在它具有确定力、拘束力和执行力。因此，行政处罚决定依法作出后，必须得到执行。

附录1

植物检疫条例

一九八三年一月三日国务院发布。一九九二年五月十三日根据《国务院关于修改〈植物检疫条例〉的决定》修订发布。

第一条 为了防止为害植物的危险性病、虫、杂草传播蔓延，保护农业、林业生产安全，制定本条例。

第二条 国务院农业主管部门、林业主管部门主管全国的植物检疫工作，各省、自治区、直辖市农业主管部门、林业主管部门主管本地区的植物检疫工作。

第三条 县级以上地方各级农业主管部门、林业主管部门所属的植物检疫机构，负责执行国家的植物检疫任务。

植物检疫人员进入车站、机场、港口、仓库以及其他有关场所执行植物检疫任务，应穿着检疫制服和佩带检疫标志。

第四条 凡局部地区发生的危险性大、能随植物及其产品传播的病、虫、杂草，应定为植物检疫对象。农业、林业植物检疫对象和应施检疫的植物、植物产品名单，由国务院农业主管部门、林业主管部门制定。各省、自治区、直辖市农业主管部门、林业主管部门可以根据本地区的需要，制定本省、自治区、直辖市的补充名单，并报国务院农业主管部门、林业主管部门备案。

第五条　局部地区发生植物检疫对象的，应划为疫区，采取封锁、消灭措施，防止植物检疫对象传出；发生地区已比较普遍的，则应将未发生地区划为保护区，防止植物检疫对象传入。

疫区应根据植物检疫对象的传播情况、当地的地理环境、交通状况以及采取封锁、消灭措施的需要来划定，其范围应严格控制。

在发生疫情的地区，植物检疫机构可以派人参加当地的道路联合检查站或者木材检查站；发生特大疫情时，经省、自治区、直辖市人民政府批准，可以设立植物检疫检查站，开展植物检疫工作。

第六条　疫区和保护区的划定，由省、自治区、直辖市农业主管部门、林业主管部门提出，报省、自治区、直辖市人民政府批准，并报国务院农业主管部门、林业主管部门备案。

疫区和保护区的范围涉及两省、自治区、直辖市以上的，由有关省、自治区、直辖市农业主管部门、林业主管部门共同提出，报国务院农业主管部门、林业主管部门批准后划定。

疫区、保护区的改变和撤销的程序，与划定时同。

第七条　调运植物和植物产品，属于下列情况的，必须经过检疫：

（1）列入应施检疫的植物、植物产品名单的，运出发生疫情的县级行政区域之前，必须经过检疫；

（2）凡种子、苗木和其他繁殖材料，不论是否列入应施检疫的植物、植物产品名单和运往何地，在调运之前，都必须经过检疫。

第八条　按照本条例第七条的规定必须检疫的植物和植物

产品，经检疫未发现植物检疫对象的，发给植物检疫证书。发现有植物检疫对象、但能彻底消毒处理的，托运人应按植物检疫机构的要求，在指定地点作消毒处理，经检查合格后发给植物检疫证书；无法消毒处理的，应停止调运。

植物检疫证书的格式由国务院农业主管部门、林业主管部门制定。

对可能被植物检疫对象污染的包装材料、运载工具、场地、仓库等，也应实施检疫。如已被污染，托运人应按植物检疫机构的要求处理。

因实施检疫需要的车船停留、货物搬运、开拆、取样、储存、消毒处理等费用，由托运人负责。

第九条 按照本条例第七条的规定必须检疫的植物和植物产品，交通运输部门和邮政部门一律凭植物检疫证书承运或收寄。植物检疫证书应随货运寄。具体办法由国务院农业主管部门、林业主管部门会同铁道、交通、民航、邮政部门制定。

第十条 省、自治区、直辖市间调运本条例第七条规定必须经过检疫的植物和植物产品的，调入单位必须事先征得所在地的省、自治区、直辖市植物检疫机构同意，并向调出单位提出检疫要求；调出单位必须根据该检疫要求向所在地的省、自治区、直辖市植物检疫机构申请检疫。对调入的植物和植物产品，调入单位所在地的省、自治区、直辖市的植物检疫机构应当查验检疫证书，必要时可以复检。

省、自治区、直辖市内调运植物和植物产品的检疫办法，由省、自治区、直辖市人民政府规定。

第十一条 种子、苗木和其他繁殖材料的繁育单位，必须有计划地建立无植物检疫对象的种苗繁育基地、母树林基地。试验、推广的种子、苗木和其他繁殖材料，不得带有植物检疫对象。植物检疫机构应实施产地检疫。

第十二条 从国外引进种子、苗木，引进单位应当向所在地的省、自治区、直辖市植物检疫机构提出申请，办理检疫审批手续。但是，国务院有关部门所属的在京单位从国外引进种子、苗木，应当向国务院农业主管部门、林业主管部门所属的植物检疫机构提出申请，办理检疫审批手续。具体办法由国务院农业主管部门、林业主管部门制定。

从国外引进、可能潜伏有危险性病、虫的种子、苗木和其他繁殖材料，必须隔离试种，植物检疫机构应进行调查、观察和检疫，证明确实不带危险性病、虫的，方可分散种植。

第十三条　农林院校和试验研究单位对植物检疫对象的研究，不得在检疫对象的非疫区进行。因教学、科研确需在非疫区进行时，属于国务院农业主管部门、林业主管部门规定的植物检疫对象须经国务院农业主管部门、林业主管部门批准，属于省、自治区、直辖市规定的植物检疫对象须经省、自治区、直辖市农业主管部门、林业主管部门批准，并应采取严密措施防止扩散。

第十四条　植物检疫机构对于新发现的检疫对象和其他危险性病、虫、杂草，必须及时查清情况，立即报告省、自治区、直辖市农业主管部门、林业主管部门，采取措施，彻底消灭，并报告国务院农业主管部门、林业主管部门。

第十五条　疫情由国务院农业主管部门、林业主管部门发布。

第十六条　按照本条例第五条第一款和第十四条的规定，进行疫情调查和采取消灭措施所需的紧急防治费和补助费，由省、自治区、直辖市在每年的植物保护费、森林保护费或者国营农场生产费中安排。特大疫情的防治费，国家酌情给予补助。

第十七条　在植物检疫工作中作出显著成绩的单位和个人，由人民政府给予奖励。

第十八条　有下列行为之一的，植物检疫机构应当责令纠正，可以处以罚款；造成损失的，应当负责赔偿；构成犯罪的，由司法机关依法追究刑事责任：

（1）未依照本条例规定办理植物检疫证书或者在报检过程中弄虚作假的；

（2）伪造、涂改、买卖、转让植物检疫单证、印章、标志、封识的；

（3）未依照本条例规定调运、隔离试种或者生产应施检疫的植物、植物产品的；

（4）违反本条例规定，擅自开拆植物、植物产品包装，调换植物、植物产品，或者擅自改变植物、植物产品的规定用途的；

（5）违反本条例规定，引起疫情扩散的。

有前款第（1）（2）（3）（4）项所列情形之一，尚不构成犯罪的，植物检疫机构可以没收非法所得。

对违反本条例规定调运的植物和植物产品，植物检疫机构有权予以封存、没收、销毁或者责令改变用途。销毁所需费用由责任人承担。

第十九条　植物检疫人员在植物检疫工作中，交通运输部门和邮政部门有关工作人员在植物、植物产品的运输、邮寄工作中，徇私舞弊、玩忽职守的，由其所在单位或者上级主管机关给予行政处分；构成犯罪的，由司法机关依法追究刑事责任。

第二十条　当事人对植物检疫机构的行政处罚决定不服的，可以自接到处罚决定通知书之日起十五日内，向作出行政处罚决定的植物检疫机构的上级机构申请复议；对复议决定不服的，可以自接到复议决定书之日起十五日内向人民法院提起诉讼。当事人逾期不申请复议或者不起诉又不履行行政处罚决定的，植物检疫机构可以申请人民法院强制执行或者依法强制执行。

第二十一条　植物检疫机构执行检疫任务可以收取检疫费，具体办法由国务院农业主管部门、林业主管部门制定。

第二十二条　进出口植物的检疫，按照《中华人民共和国进出境动植物检疫法》的规定执行。

第二十三条　本条例的实施细则由国务院农业主管部门、林业主管部门制定。各省、自治区、直辖市可根据本条例及其实施细则，结合当地具体情况，制定实施办法。

第二十四条 本条例自发布之日起施行。国务院批准，农业部一九五七年十二月四日发布的《国内植物检疫试行办法》同时废止。

附录2

浙江省植物检疫实施办法

(1988年9月11日浙江省人民政府浙政〔1988〕46号发布，2000年4月18日浙江省人民政府令第118号作了修订，根据2005年11月3日《浙江省人民政府关于修改〈浙江省森林病虫害防治实施办法〉等7件规章的决定》再次修订)

第一条 为防止危害植物的危险性病、虫、杂草传播蔓延，保护农业、林业生产安全和生态环境，根据国务院发布的《植物检疫条例》和国家其他有关法律、法规的规定，结合本省实际，制定本办法。

第二条 省农业、林业行政主管部门主管全省的农业植物检疫和森林植物检疫(以下统称植物检疫)工作。县级以上农业、林业行政主管部门所属的农业植物检疫机构和森林植物检疫机构(以下统称植物检疫机构)，负责执行国家的植物检疫任务。

各级植物检疫机构可根据需要聘请兼职植物检疫员，协助开展植物检疫工作。

铁路、公路、航运、航空、邮政、公安、工商行政管理等部门应当按照各自的职责，配合植物检疫机构做好植物检疫工作。

第三条 各级植物检疫机构可以根据需要，派遣植物检疫人员进入车站、机场、港口、码头、市场、种苗繁育地点以及其他有关场所依法执行职务；发生疫情的地区，经省农业、林业行政主管部门批准，植物检疫机构可以派人参加当地的道路联合检查站或木材检查站；发生特大疫情时，经省人民政府批准，可以设立临时植物检疫检查站，开展植物检疫工作。

各级植物检疫机构依法行使检疫行政管理职权，不受非法干预。

第四条　国务院农业、林业行政主管部门公布的全国植物检疫对象和本省补充的植物检疫对象，是实施检疫的法定植物检疫对象。

在局部地区发生危险性大、能随植物和植物产品调运而传播的病、虫、杂草，由省植物检疫机构提出，报省农业、林业行政主管部门公布为本省补充植物检疫对象。

第五条　疫情调查是植物检疫工作的基础。各级农业、林业行政主管部门，应会同有关部门做好植物检疫对象的普查工作，编制疫情分布资料，并逐级上报。对发现新的病、虫、杂草，任何单位或个人均应立即向所在地植物检疫机构报告，经鉴定属于植物检疫对象的，所在地植物检疫机构应当立即向当地农业、林业行政主管部门和上级植物检疫机构报告，不得隐瞒。当地农业、林业行政主管部门应采取紧急防疫措施予以扑灭。

第六条　对局部地区发生的植物检疫对象，可由省农业、林业行政主管部门提出意见，报省人民政府批准划定疫区，并发布疫区封锁令，严禁疫区内能够传带植物检疫对象的植物和植物产品外流。

对疫区内感染植物检疫对象的植物和植物产品，植物检疫机构有权决定销毁或责令改变用途。

第七条　生产种子、苗木等繁殖材料(包括各种花草和花木，下同)的单位或个人，应向所在地植物检疫机构申请产地检疫，并交纳产地检疫费。植物检疫机构应按规定实施产地检疫，对未发现植物检疫对象的，发给产地检疫合格证。

禁止经营、加工未经检疫的种子、苗木等繁殖材料和染疫的植物、植物产品。

第八条　种子、苗木等繁殖材料的调运(包括邮寄和随身携带)，应按下列规定办理：

(1) 县(市)内凭产地检疫合格证运销。

(2) 调出县(市)的，调出单位或个人应凭产地检疫合格证和调入地的县以上植物检疫机构签发的调运植物检疫要求书，在调运前5日向所在地植物检疫机构申请检疫；未取得产地检疫合格证的，调出单位或个人应在调运前15日向所在地植物检疫机构申请检疫，并交纳调运检疫费。所在地植物检疫机构应按规定程序进行检疫，未发现植物检疫对象的，发给植物检疫证书。其中产地检疫费与调运检疫费不得重复收取。

(3) 从外省或省内外县(市)调入的，调入单位或个人应事先征得所在地植物检疫机构同意，并向调出单位或个人提出检疫要求，经调出地的县以上植物检疫机构(外省需经省授权的县以上植物检疫机构)检疫合格，发给植物检疫证书后，方可调入。调入的植物除不得带有全国植物检疫对象外，还不得带有本省补充的植物检疫对象。必要时，调入地植物检疫机构有权进行复检；复检中发现植物检疫对象的，禁止种植；无法进行除害处理的应予销毁。

(4) 调入单位或个人应将植物检疫证书(正本)保存2年备查。

第九条　列入应施检疫的植物、植物产品名单的非种用植物、植物产品，在运出发生疫情的县级行政区域之前，应当向所在地植物检疫机构申请检疫，取得植物检疫证书后，方可调运。

第十条　通过铁路、公路、水路、航空、邮寄等途径调出县级行政区域的种子、苗木等繁殖材料和其他依照本办法应当经过检疫的植物、植物产品，所有承运单位或个人必须凭植物检疫证书(正本)办理承运或收寄手续。植物检疫证书(正本)应随货运寄。

第十一条　通过进口入境的植物、植物产品经出入境检验检疫机构检疫完毕，在国内再调运的，应当按照本办法的规定办理国内调运检疫手续。

第十二条　对可能被植物检疫对象污染的包装材料、运载工具、场地、仓库、土壤等也应实施检疫。如已被污染，调运单位或个人应按植物检疫机构的决定进行处理。

第十三条　因实施检疫需要的车船停留、货物搬移、开拆、取样、储存、消毒等费用，由调运单位或个人负责。

第十四条　任何单位或个人不得对已经检疫后的植物和植物产品启封换货、改变数量，不得涂改或转让植物检疫证书。

第十五条　从国外及香港、澳门、台湾地区引进种子、苗木等繁殖材料的单位或个人，必须事先向省植物检疫机构提出申请，填报引进种子、苗木检疫审批单。引进单位或个人应将审批单上所提的对外检疫要求，列入贸易合同或科技合作、赠送、交换、援助等协议。

货物到达入境口岸时，引进单位或个人凭检疫审批单和出口国及香港、澳门、台湾地区植物检疫机构签发的植物检疫证书，向入境口岸的出入境检验检疫机构报检。符合检疫要求的，准许引进；不符合检疫要求的，由口岸出入境检验检疫机构处理。

引进单位或个人在申请引种前，应当安排好试种计划。引进后，必须在指定的地点集中进行隔离试种，并按规定交纳境外引种疫情监测费。隔离试种的时间，一年生植物不得少于一个生育周期，多年生植物不得少于2年。在隔离试种期内，经当地植物检疫机构检疫，证明不带危险性病、虫、杂草的，方可分散种植。进口的原粮一律禁止作种子用。

第十六条　植物检疫机构处理违反植物检疫法规的案件，受国家法律保护。在调查取证时，可依法向有关单位或个人查阅与案件有关的档案、资料和原始凭证，有关单位或个人应如实提供材料，协助进行调查，出具有关证明。

第十七条　执行植物检疫法规有下列成绩之一的单位或个人，由县级以上人民政府或农业、林业行政主管部门给予表彰、奖励：

（1）在植物检疫技术的研究和应用上有重大突破的；

（2）在植物检疫对象的控制、扑灭方面有显著成绩的；

（3）及时向植物检疫机构报告疫情，使国家和人民免受重大损失的；

（4）主动举报违反植物检疫法规行为，对查处违法案件有功的；

（5）在积极宣传和模范执行植物检疫法规，与违法行为作斗争等方面成绩突出的。

第十八条　有下列行为之一的，植物检疫机构应当责令当事人纠正，可以处以罚款，并可以没收违法所得；造成损失的，植物检疫机构可以责令当事人赔偿损失；构成犯罪的，由司法机关依法追究其刑事责任：

（1）未依照《植物检疫条例》和本办法规定办理相关植物检疫单证的；

（2）在报检过程中故意谎报受检物品种类、品种，隐瞒受检物品数量、受检作物面积，以及提供虚假证明材料的；

（3）在调运过程中擅自开拆验讫的植物、植物产品包装，调换或夹带其他未经检疫的植物、植物产品的；

（4）伪造、涂改、买卖、转让植物检疫单证、印章、标志、封识的；

（5）试验、生产、推广带有植物检疫对象的种子、苗木等繁殖材料的；

（6）经营、加工未经检疫的种子、苗木等繁殖材料和染疫的植物、植物产品的；

（7）未经批准，擅自从国外及香港、澳门、台湾地区引进种子、苗木等繁殖材料，或者经批准引进后，不在指定地点种植以及不按要求隔离试种的。

第十九条　对上条规定的违法行为的罚款，属非经营性违法行为的，可处以200元以上2000元以下的罚款；属经营性违法行为的，可处以货物价值5%以上30%以下的罚款，但罚款的最高数额不得超过50000元。

因上条所列违法行为引起疫情扩散的，植物检疫机构应当对其从重处罚，并可责令当事人对染疫的植物、植物产品和被污染的包装物作销毁或者除害处理。

第二十条　对违法调运(包括随身携带)植物、植物产品，按照《植物检疫条例》第十八条第三款规定处理。

未依法办理审批手续引进的植物、植物产品，植物检疫机构有权予以查封、销毁或责令改变用途，所造成的一切经济损失由违法单位或个人承担。

第二十一条　罚、没收款和没收财物作价款的收缴及行政处罚的程序，依照有关法律、法规和规章的规定执行。

第二十二条　当事人对植物检疫机构的行政处罚决定不服的，可以自接到决定之日起60日内，向作出行政处罚决定的植物检疫机构的同级农业、林业行政主管部门申请复议；对复议决定不服的，可以自接到复议决定书之日起15日内，向人民法院提起诉讼。当事人逾期不申请复议或者不起诉又不履行行政处罚决定的，作出处罚决定的植物检疫机构可以申请人民法院强制执行或者依法强制执行。

第二十三条　对损毁植物检疫机构尚在发生法律效力的封印，拒绝、阻碍植物检疫人员依法执行职务，围攻、辱骂、殴打植物检疫人员等违反治安管理处罚规定的，由公安机关依法处罚；构成犯罪的，由司法机关依法追究刑事责任。

第二十四条　植物检疫机构及其工作人员应严格依照植物检疫的各项规定实施检疫和办理审批事项。对不按规定办理造成一定后果的，或者滥用职权、徇私舞弊的，由农业、林业行政主管部门或监察部门给予行政处分；构成犯罪的，由司法机关依法追究刑事责任。

第二十五条　各级农业植物检疫机构和森林植物检疫机构的业务分工，按照省人民政府的有关规定执行。

第二十六条　进出境植物、植物产品的检疫，按照《中华人民共和国进出境动植物检疫法》的规定执行。

第二十七条　本办法自公布之日起施行。

参考文献

[1] 林云彪等. 植物检疫知识问答[M]. 杭州：浙江科学技术出版社，2000，1-94.

[2] 全国农业技术推广服务中心.植物检疫知识百问百答[M]. 杭州：浙江科学技术出版社，2012，1-63.

[3] 陈生斗. 植物检疫对象手册[M]. 北京：中国农业出版社，1996，1-168.

[4] 李友平.行政处罚法解读.你问我答.台州市农业局，2010.3.

[5] 全国农业技术推广服务中心. 植物检疫性有害生物图鉴[M]. 北京. 中国农业出版社，2001，1-464.

[6] 农业部植物检疫实验所. 中国植物检疫对象手册[M]. 安徽：安徽科学技术出版社，1990，2-324.

[7] 余继华等. 外来有害生物及防控[M]. 北京：中国科学技术出版社，2008.

[8] 万方浩等. 重大农林外来入侵物种的生物学与控制[M]. 北京：科学技术出版社，2005，14-688.

[9] 魏初奖.植物检疫及有害生物风险分析[M]. 长春：吉林科学技术出版社，2004，62-226.

[10] 李先南. 稻水象在温岭市的发生规律及生活习性[J]. 北

京：植物检疫，2000(5)：282-283.

[11] 余继华等. 水稻细菌性条斑病的发生原因及防治技术. 杭州：浙江农业科学2001(增刊)：169-170.

[12] 林云彪等. 柑橘黄龙病及其持续治理[M]. 北京：中国农业科学技术出版社，2012.

[13] 余继华. 黄岩地区稻水象甲发生上升原因及其防治对策[J]. 北京：植物保护，2000(6)：39-40.

[14] 叶志勇等. 柑橘溃疡病的发生与综合防治技术[J]. 台州：浙江柑橘，2005(3)：28-29.

[15] 王淑贤等. 美洲斑潜蝇和南美斑潜蝇的寄生蜂自然控害能力的调查[J]. 北京：中国植保导刊，2005(6): 5-7.

[16] 顾云琴等. 稻水象甲防治扑灭技术的应用与防治效果[J]. 北京:植物保护，2002(5): 57-58.

[17] 全国农业技术推广服务中心等编译. 红火蚁[M]. 北京：中国农业出版社，2005，1-284.

[18] 周红珍等. 黄瓜绿斑驳花叶病毒病的发生症状及防控措施[J]. 现代农业科技，2013(18): 138-140.

[19] 张润志等. 扶桑绵粉蚧[M]. 北京：中国农业出版社，2010.

[20] 吴定发等.扶桑绵粉蚧在中国的研究现状及其防治[J]. 湖南：作物研究，2011，25(3)：295-298.

[21] 李先南.四纹豆象的危害性观察试验.北京:植物检疫，1999(1)：27.

[22] 张玉聚等. 中国除草剂应用技术大全[M]. 北京：中国农业科学技术出版社，2009，3-8.

[23] 许志刚. 植物检疫学(第3版)[M]. 北京:高等教育出版社，2008.12.

[24] 李潇楠等.国内植物疫情态势分析[J]. 北京：植物检疫，2014，28(7)：85-87.

[25] 王守聪等. 全国植物检疫性有害生物手册[M]. 北京：中国农业出版社，2006.

图书在版编目（CIP）数据

植物疫情及防控手册／余继华，张敏荣主编．—北京：中国农业科学技术出版社，2014.9
ISBN 978-7-5116-1808-5

Ⅰ.①植… Ⅱ.①余… ②张… Ⅲ.①植物检疫-手册 Ⅳ.①S41-62

中国版本图书馆CIP数据核字(2014)第208260号

责任编辑　闫庆健　范　潇
责任校对　贾晓红

出 版 者　中国农业科学技术出版社
　　　　　北京市中关村南大街12号　邮编：100081
电　　话　(010)82106625(编辑室)　(010)82109704(发行部)
传　　真　(010)82106625
网　　址　http://www.castp.cn
经 销 者　各地新华书店
印 刷 者　北京富泰印刷有限责任公司
开　　本　850mm×1168mm　42开
印　　张　3.375
字　　数　90千字
版　　次　2014年9月第1版　2014年9月第1次印刷
定　　价　10.00元